보이지 않는 권력자

이재열

보이지 않는

권력자

미생물과
인간에
관하여

사이언스
SCIENCE 북스
BOOKS

변화하는 오늘도 미생물은 변함없이

까치가 나뭇가지를 부리에 물고 곳곳을 부지런히 오가며 전신주에 집을 짓는 모습을 보니 분명 새봄이 오는 모양이다. 낮이 길어지기 시작하면 봄이 오는 것을 알고, 짝짓기를 통해 알을 낳아 새끼를 기르려는 까치의 본능이 까치를 둥지 짓게 이끈다. 산속 계곡에서도 마른 가지에 물이 올라 새싹이 움트고, 겨우내 움츠렸던 산새들도 물가의 새싹 사이를 날아다니며 부지런히 먹이를 찾는다. 이처럼 자연 속에 살고 있는 모든 생물은 자신의 감각 기관을 동원해 계절의 변화를 느끼고 새로운 계절에 대비한다. 식물들은 꽃을 피워 벌과 나비를 유혹하고, 동물들은 짝을 찾느라 나들이 채비를 분주하게 하는 때가 봄이다.

식물이 꽃을 피우고, 동물이 짝짓기하고 보금자리를 마련할 뿐만

5

아니라, 많은 젊은이가 짝을 이루며 결혼하는 계절이 봄이다. 가을에 추수해서 거둔 밑천으로 새봄에 시집 장가가는 모습은 오래전부터 흔했다. 그러나 요즈음에는 꼭 새봄이 아니더라도 형편에 맞추어 언제든지 결혼식을 올린다. 그만큼 세상이 바뀐 것인가? 아니면 계절이 사라진 것인가?

시대가 바뀌면서 젊은이들의 결혼 풍습도 변하고 있다. 혼숫감을 마련하는 일은 예나 지금이나 중요하지만, 요즈음에는 혼숫감의 종류가 다양해지고 양이 많아지며 그만큼 많은 변화가 생겼다. 요즈음 결혼을 앞둔 젊은이들에게 가전 제품은 혼숫감으로 거의 필수적이다. 그 가운데에서도 특히 필요하다고 여겨지는 것들을 조사해 보니 텔레비전, 냉장고, 세탁기, 김치 냉장고, 오디오 등이라고 한다. 아니 냉장고가 있는데 김치 냉장고라니 하면서 이해하기 어렵다고 생각했다면, 그것은 요즈음 결혼하는 젊은이가 아니라 이미 결혼한 어른의 관점에서 생각했기 때문이다. 시대는 바뀌었고, 사람들의 생각도 변했다. 그것이 시대의 흐름이고 생각의 변화이며, 변화하는 문화이다.

김치 냉장고는 말 그대로 김치와 냉장고가 합쳐진 것으로, 김치를 보관하는 냉장고를 가리킨다. 이미 오래전부터 김치는 우리 식생활에서 가장 중요한 부식이었다. 김치는 사계절 내내 어떤 형태로든지 끼니마다 주식인 밥과 함께 먹는 반찬이다. 배추나 무 따위를 절인 다음에 양념을 넣어 발효시킨다. 김치의 주 재료인 배추나 무는 일년생 채소이기에 추운 겨울에는 재배할 수 없다. 그러기에 사람들은 기나

긴 겨울철을 대비하면서 오래전부터 김장 김치를 담가 두고 겨우내 조금씩 꺼내 먹는다. 그러기 위해서라면 겨우내 김치를 저장할 수 있는 방법과 기술을 마련해야 한다. 예전 같으면 김장 김치는 김장독에 담아 땅에 묻어 두었다. 그러던 것이 이제는 겨울이 아니더라도 어느 계절이든지 김치를 김치 냉장고에 넣어 두고 먹을 수 있게 되었다.

김치는 미생물을 이용한 대표적인 발효 음식이다. 김치 속에는 발효 미생물인 유산균(乳酸菌, 젖산균이라고도 한다.)과 함께 여러 종류의 미생물이 살고 있다. 그렇다 보니 김치를 저장하고 보관한다 하더라도 그 맛이 언제나 그대로이지 않고 조금씩 변하기 마련이다. 이때 우리가 먹기에 알맞을 정도로 변하면 김치가 익었다고 말하고, 더 변하면 김치가 시어졌다고 말한다. 그래서 사람들은 김치를 맛있게 발효된 상태 그대로 오래 지속시킬 보관 및 저장 방법을 찾았다. 그것이 김치 냉장고이다. 물론 김치 냉장고의 기본은 냉장 기술에 있다. 다만 김치라는 발효 음식의 상태를 오랫동안 알맞게 유지하는 온도와 습도를 마련해 주는 기술을 더해 김치 냉장고를 만들어 낸 것이다.

그렇다고 김치 냉장고가 김치만 보관하는 것도 아니다. 철 따라 달리 나오는 과일도 신선한 상태로 보관할 수 있게 해 준다. 술을 좋아하는 사람들도 김치 냉장고에 술을 보관했다가 마시면 맛이 기가 막히게 좋다고 자랑한다. 이렇듯 김치 냉장고는 김치를 보관하는 용도로만 쓰이지 않고 여러 다른 용도로도 쓰일 수 있다. 마치 일정한 온도를 유지할 수 있는 전기 밥솥으로 밥을 짓고 보관하는 것만 아니라 청국장도 만들고 단술을 담그는 것처럼 말이다.

어디 그뿐인가? 과일이나 채소를 한겨울에도 싱싱하게 즐길 수 있다. 예전에는 임신부들마저 먹고 싶은 과일이 있어도 계절이 안 맞아 상상으로나마 대신할 뿐 먹지 못했다. 그런데 이제는 실제로 맛볼 수 있는 세상이다. 『삼강행실도(三綱行實圖)』에 수록된 「효자도(孝子圖)」에서나 볼 수 있었던, 맹종의 효성에 대한 고사를 이제는 언제든지 실현시킬 수 있다. 한겨울에 죽순을 찾는 부모를 위해 맹종이 대밭에 들어가 죽순을 찾았지만 찾지 못하고 안타까워하다 눈물을 흘렸는데, 이 눈물의 온기에 죽순이 나왔다는 "맹종읍죽(孟宗泣竹)" 고사를 그림과 글로 남긴 것이 「효자도」이다. 이제는 수박, 참외, 딸기가 비닐하우스에서 재배되어 겨울철에도 맛볼 수 있다.

우리에게 냉장고는 생활에서 빼놓을 수 없는 가전 제품이 되어 버렸다. 서양 사람들이 그 원리를 찾아내어 기술을 개발했다 하더라도, 우리는 이제 냉장고가 우리의 필수품이라고 자연스럽게 말한다. 세계 가전 제품 시장에서 우리가 만든 냉장고가 차지하는 비율이 높다고 해서 하는 말이 아니다. 우리 생활 속에서 우리가 필요를 느껴 우리가 우리 기술로 김치 냉장고를 개발했으니 그만큼 자신 있게 말할 수 있다는 것이다. 그런데 가전 제품을 만들어 내는 기술은 그렇다 치더라도 그 기술을 밑받침하는 과학을 정말로 자신 있게 우리 것이라고 말할 수 있을까? 더 나아가 과학의 근본이라고 할 수 있는 학문, 즉 자연 과학을 우리 학문이라고 말할 수 있을까? 아마도 쉽지 않을 것이다. 자연 과학의 분과 학문 대부분이 서구로부터 들어온 것임을 알기 때문이다. 우리 과학이라고 한다면, 서구로부터 학문이 들어오기 이전에 우리가 스스로 만들어 사용했던 한지 제조 기술이나 양잠 기술, 베 짜기 기술, 그릇 만들기 기술, 집짓기 기술, 옻칠 기술, 농사 기술 따위가 있다. 이것들은 우리 과학이라는 이름으로 불리고 있다.

그런데 이때는 '우리 과학'이라는 표현이 과연 맞는 것일까? 아니 그렇게 말할 수밖에 없다는 것일까? 한 번쯤은 따져 보자. 오래전에는 중국의 과학과 기술을 들여다 독자적으로 발전시켜 우리 것으로 만들었던 우리가 아니었던가? 우리는 우리 것을 만들어 내는 기술이 뛰어나 고유한 문화도 잘 만들어 냈다. 그렇지만 외부에서 들여온 지식을 발판으로 우리 고유의 새로운 과학을 만들어 내고도 우리는 이것을 우리 것이라고 자신 있게 말하기를 주저하는 편이다. 이제는 우리 스스로 당당한 의식을 키우고, 자신감을 바탕으로 우리 문화를 만들어 함께 힘을 모아 가꾸어 나가는 데 말로만 그치지 않고 행동으로 옮겨야 할 때이다.

시대가 바뀌면서 우리의 의식도 변화해 간다. 자연에 대한 의식도 예외는 아니다. 그 예로 비둘기를 보자. 원래 숲에 살던 비둘기는 사람들에게 길들여져 어느새 집비둘기가 되었다. 이들이 도시 한복판에 살면서 평화의 상징으로 여겨지고 사람들의 귀여움을 차지한 것이 바로 엊그제의 일이다. 그런데 요즈음에는 처치 곤란한 천덕꾸러기가 되어 버렸다. 비둘기의 뛰어난 번식력으로 인해 개체수가 불어나면서 먹을 것을 구하기 힘들어지자, 많은 비둘기가 흩어지면서 온 도시를 오염시키는 문제를 일으키고 있다. 비둘기의 분비물은 도시를 오염시키는 것은 물론 산성이 강해 건물의 부식을 촉진시킨다. 이제는 미국 뉴욕 시를 비롯한 세계 곳곳에서 비둘기에게 모이를 주면 벌금을 매긴다고 한다. 심지어는 우리나라에서도 2009년 집비둘기를 '유해 야생 동물'로 지정했다고 하니, 이쯤 되면 비둘기는 우리의 친구로 생각되지 않는 것 같다.

까치에 대한 생각도 바뀌었다. 예전에 까치는 반가운 소식을 전해 주는 길조로 여겨졌지만, 까치의 숫자가 크게 늘어난 요즈음에는 우리 생활에 피해를 주는 해로운 존재로 탈바꿈하고 있다. 까치는 크고 작은 나뭇가지를 2,000개 남짓 모아서 수고(樹高) 높은 나무에 까치집을 짓는 것이 보통이나, 나무가 마땅치 않으면 높다란 전신주에 짓기도 한다. 이 둥지가 단전 사고의 원인을 제공하기 때문에 한국 전력 공사에서는 골머리를 앓고, 우리는 까치를 해로운 존재로 여긴다. 까치는 본능에 따라 둥지를 짓지만 그 안을 자세히 살펴보면 상상하기 어려운 복합적인 기술이 들어 있다. 그러니 까치집을 예술이라고 말할 만도 하다. 어려움을 이겨 내고 새끼를 기르는 까치의 모습은 모든 생물에게도 나타나지만, 우리에게는 천덕꾸러기로 각인되어 버렸다. 그런데 사람들과 끈질기게 투쟁을 벌이며 자신의 서식지를 지키는 까치가 언제부터, 왜 천덕꾸러기가 되었는지 우리의 지식을 바탕으로 폭넓고 깊이 있게 따져 보아야 하지 않을까?

시대가 바뀌면 그에 따라 생활 환경도 바뀔 수밖에 없다. 생활 환경이 바뀌면 그에 따라 우리 생활이 바뀌는 것도 당연하다. 그렇더라도 바뀌는 것을 느끼는 데에만 그치지 않고 왜, 어떻게 바뀐 것인지 원인을 찾아보며 문제에 대한 해결책을 마련하는 것이 우리가 새로운 문화를 만들고 가꾸어 가는 길이다. 이때 과학은 무엇인가를 생각하고 이해하면서 노력을 기울이는 바탕이 된다. 과학은 계절과 지역, 시간과 공간이라는 벽을 넘어 오늘도 우리에게 편리하고 풍요로운 생활을 약속한다. 모든 과학적인 노력은 우리 생활을 풍요롭게 해 주는 문화를 발전시키는 밑거름이 된다.

우리는 지금까지의 연구 결과를 바탕으로 우리 눈에 보이지 않는 미생물에 대한 궁금증을 과학적으로 하나씩 풀어 나가고 있다. 예전에는 미생물을 볼 수도 없고 그 존재조차 잘 알지 못했기에, 미생물이 만드는 현상을 그저 전해 내려오는 생활 속 유용한 지혜로만 알았을 뿐이다. 그러나 조금만 따지고 들여다보니 어떠한가? 모든 생명이 알아서 계절에 맞추어 살아가는 방법을 찾아냈듯이, 미생물도 마찬가지로 계절의 영향을 받으며 살아남고 계절에 맞추어 살아가고 있다. 우리는 이러한 사실을 밝히지 않은 채 자연에서 이루어지는 당연한 현상이라고만 여기고, 우리 생활에 편한 만큼 이용했을 뿐이다.

    과거의 우리는 새로운 지식을 찾아내는 노력을 기울이지 않고 지나쳐 버리고 말았지만, 지금은 우리가 예전부터 이용해 온 생활의 지혜가 어떤 것인지 밝혀내는 과학적인 노력이 필요한 때이다. 새로운 지식들이 감당하지 못할 정도로 밀려오는 이때, 아무런 생각도 없이 바라보고만 있다가는 새로운 지식과 문화의 충격에 빠진 채 쉽게 헤어 나오지 못하게 된다. 이 책은 자연 속에서 우리와 함께 살고 있는 미생물의 존재를 확인하고 그들의 놀라운 역할을 이해함으로써, 생활 곳곳에 숨어 있는 미생물 이야기를 풀어 가고자 한다.

차례

1부

작고도 커다란
왕국

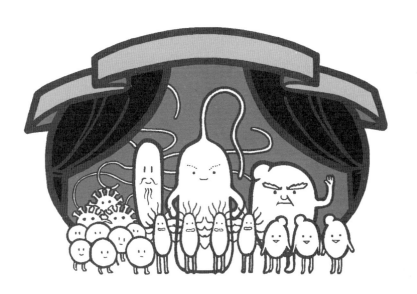

미생물의
족보 찾기

린네의 유산

주변을 둘러보면 여러 종류의 풀과 나무, 수많은 벌레와 짐승이 생명을 이어받아 삶을 즐기고 있다. 이루 헤아릴 수 없이 많은 종류의 생물들이 한데 어울려 살아가고 있다. 하지만 정작 이들의 관계를 설명하기란 그리 쉽지 않다. 당장 이들의 이름조차 잘 모른다. 독자 여러분 중 바로 나무 이름 50개를 대 보라면 댈 수 있는 사람이 많지 않을 것이다. 들판에 핀 꽃 가운데 10종을 제대로 구별할 줄 아는 이도 드물 것이다. 시냇물에 살고 있는 물고기 가운데 5종 이상의 이름을 아는 것도 어렵고, 숲에 사는 작은 새들은 모두 참새라고 생각하는 경우도 많다.

생물들의 삶 속에서 일어나는 서로의 관계를 살펴보기 위해서는 무엇보다도 먼저 각각의 생물로서의 특성과 종류가 무엇인지를 이해해야 한다. 그러자면 어쩔 수 없이 생물에 대해서 많은 지식을 축적해야 한다. 생물의 고유한 성질을 바탕으로 서로 다른 생물들이 어떤 관계를 맺고 있는지 살펴보는 것을 우리는 분류(classification)라고 부른다. 물론 이러한 분류 과정에서는 종마다 서로 다른 이름을 붙여서 구분하는데, 이처럼 이름을 붙이는 방법을 일컬어 명명(nomenclature)이라고 한다. 나라와 지역에 따라 한 생물의 이름이 서로 다른 경우가 많이 있다. 이렇게 서로 다른 이름을 부르면 사람마다 헷갈리기 마련이므로 통일된 하나의 이름을 지을 필요가 있다.

누가 뭐래도 우리는 모두가 사람임에는 틀림이 없다. 사람은 우리 스스로를 부르는 말이지만, 언어마다 다르게 人間, human, l'homme, Mensch 등으로 부른다. 그래서 사람을 학술적인 용어로 정의할 때에는 호모 사피엔스(*Homo sapiens*)라는 말을 쓴다. 여기에서 '사람'이라는 뜻을 가진 호모(*Homo*)는 속(屬, genus) 이름이고, '슬기롭다.'라는 뜻을 가진 사피엔스(*sapiens*)는 종(種, species) 이름이다. 이렇게 속과 종 두 가지 이름을 한데 붙여 생물 이름을 만드는 것을 가리켜 이명법(binomenclature)이라고 한다. 또 이렇게 이명법을 통해 만들어진 이름을 학술적인 이름이라는 뜻에서 학명(scientific name)이라고 부른다. 이렇게 정해진 생물의 학명만 보아도 우리는 그 생물이 어떤 분류 체계에 속하는지 짐작할 수 있다.

이렇게 분류 체계와 명명법을 통합해 근대적 생물 분류학을 확립

한 이가 스웨덴의 분류학자 칼 폰 린네(Carl von Linné)이다. 그가 1735년에 펴낸 『자연의 체계(*Systema Naturae*)』라는 책에서 발표한 이 분류법과 명명법은 지금까지도 생물학에서 널리 쓰이고 있다. 린네가 이명법을 확립해 사용한 것은 그때까지 알려진 생물의 종류가 헤아리기 어려울 정도로 많아서 정리할 필요성이 있었기 때문이다. 당시 린네가 분류해 놓은 식물 자료만 해도 5,000여 종이었다.

생물 족보의 출발점은 "종속과목강문계"

생물의 분류 체계는 다양한 종을 속으로 묶고, 속을 더 높은 단계인 과(科, family)로 묶으며, 이어서 목(目, order), 강(綱, class), 문(門, division 또는 phylum), 계(界, kingdom)라는 순서로 정리한 것이다. 대부분의 동식물을 이 분류 체계에 따라 분류할 수 있다.

우리 호모 사피엔스는 이 분류 체계에 따르면 사람과(Hominidae), 영장목(Primates), 포유강(Mamalia), 척추동물문(Vertebrata)에 속하게 된다. 물론 이러한 분류 체계 사이사이에 아목(suborder)이니 아과(subfamily)니 하는 것을 두기도 한다. 이것마저 부족하다면 하목이나 상과 같은 것을 더 만들어 구별하기도 한다. 예를 들어 영장목 아래에는 유인원아목(Anthropo)이라는 아목이 있다. 그 아래에는 협비류(Catarrhini)라는 하목이 있으며, 이 하목과 사람과 사이에 유인원류(Anthropoidea)라는 상과가 있다.

식물도 마찬가지이다. 우리가 매일 먹는 쌀을 보자. 이 쌀은 벼 (*Oryza sativa*)라는 식물의 나락에서 비롯한 것이다. 속 이름 오리자 (*Oryza*)는 라틴 어로 '쌀' 또는 '벼'를 뜻하고, 사티바(*sativa*)는 '재배'를 뜻한다. 야생 벼는 물가나 들판에서 자라고 있었을 터이고, 지금의 피처럼 수확량도 변변찮은 잡초처럼 자랐을 것이다. 수많은 시행착오를 통해 이 야생 벼를 재배 벼로 바꾸어 낸 조상들의 끈기와 지혜가 놀랍다. 벼는 볏과(Gramineae)에 속하며, 분류 체계를 따라 거슬러 올라가면 벼목(Graminales), 피자식물강(Angiospermae), 관속식물문 (Tracheophyta), 식물계(Plantae)에 속한다. 강과 문 사이에 외떡잎식물을 뜻하는 단자엽식물아강(Monocotyledoneae)이라는 분류를 추가하면 벼의 생물 분류학적 위치를 좀 더 자세하게 나타낼 수 있다.

미생물의 족보 찾기가 열어젖힌 분류학의 새로운 세계

우리 눈으로 볼 수 있는 동물과 식물은 우선 그들의 서로 다른 모습의 차이에 따라 구분한다. 그러다가 겉모습이 비슷한 것들은 몸 안의 부분적인 차이를 특징으로 삼아 구분한다. 생물의 세계에서 서로 다른 모습은 서로 다른 기능을 드러내기 위한 것이기에 이러한 구분 방법은 전혀 이상하지 않다. 그렇다면 동물이나 식물과 달리 눈에 보이지 않는 미생물은 과연 어떠한 분류 체계를 이루고 있을까?

미생물이라는 존재가 처음으로 알려지기 시작한 것은 현미경이라는 기구가 만들어지면서부터였다. 그때까지 눈으로 확인할 수 없었던 작은 생물들의 존재가 비로소 우리에게 나타나면서 사람들은 미생물도 구분해야 할 필요성을 느꼈다. 그래서 당시 사람들은 조류(Algae)는 광합성을 하고 균류(곰팡이)는 운동성이 없으며, 세균은 세포막이 있다는 점을 들어 식물계에 포함시켰고, 원생동물은 운동을 한다는 점에서 동물계에 포함시켰다.

이러한 분류는 1866년 에른스트 헤켈(Ernst Haeckel)이 시도했고 많은 사람이 받아들여 이용했다. 그러나 학자들이 미생물 연구를 진행하면서 미생물은 고등 식물과 전혀 다르고, 미생물들끼리 여러 가지 공통성이 있다는 것을 알게 되었다. 이러한 사실을 근거로 미생물들을 하나로 묶어 식물계와 동물계로부터 독립시키자는 의견이 제기되었다. 그래서 식물계와 동물계, 그리고 미생물계의 3계로 생물을 분류하는 방법이 자리를 잡아 나갔다.

생물학의 발전에 힘입어 생물은 원핵 세포와 진핵 세포로 나뉜다는 사실이 힘을 얻으면서 점차 생물의 분류 체계도 원핵생물과 진핵생물이라는 두 가지 큰 틀로 자리를 잡아 나갔다. 1960년대 말부터 1970년대까지 생물을 5계로 나누는 분류 체계가 자리를 잡았다. 여기에서는 원핵생물을 하나의 계로 잡아 원핵생물계(Monera)로 구분했고, 진핵생물을 4개의 계로 나누어 원생생물계(Protista)와 균계(Mycobiota), 그리고 동물계(Animalia)와 식물계로 구분했다. 최근에는 원핵생물을 세균계와 고세균계(Archaea)로 구분하는 체계를 이용하기도 한다. 또 급속히 발전한 분자 생물학에 힘입어 분류학 분야에서도 염기 서열 분석을 바탕으로 이제까지 가장 크다고 알려진 계를 넘어 역(域, domain)의 개념을 끌어와 쓰자고 한다. 그래서 생물을 세균역, 고세균역, 진핵생물역의 3역으로 구분하기도 한다.

일반적으로 널리 알려진 미생물의 종류에는 곰팡이, 박테리아, 바이러스가 있다. 이 가운데 곰팡이는 완전한 핵을 갖추고 있으므로 진핵생물의 범주에 들어가 균계라는 독립적인 계를 이루고 있다. 우리가 비교적 잘 알고 있는 페니실린이라는 항생 물질을 생산하는 곰팡이는 페니실륨 노타툼(*Penicillium notatum*)이다. 동물이나 식물에서와 같이 이명법에 따른 *Penicillium*은 속의 이름이고 *notatum*은 종의 이름이다. 이 균은 불완전균류(Fungi Imperfecti)의 한 속이지만, 족보를 따져 올라가 보면 모닐리아과(Moniliaceae)에 이르고, 더 나아가 모닐리아목(Moniliales)에 포함된다. 진균(곰팡이) 가운데 유성 생식 단계가 알려지지 않은 것을 모두 불완전균강(Deutromycetes)으로 구분하는데, 페니실륨도 불완전균류의 하나이므로 여기에 포함된다. 대부분의 곰팡이들은 난균강, 접합균강, 자낭균강, 담자균강 가운데 어느 하나이며, 여기에 속하는 다섯 개의 강은 분류 체계에서 모두가 진균문(Eumycota)에 포함된다.

곰팡이만큼 유명한 미생물이 박테리아, 즉 세균이다. 세균은 완전한 핵을 갖추지 않은 원핵생물(Prokaryote)로 분류된다. 세균은 분화가 뚜렷하지 못하므로 형태적인 특징만으로 분류하기가 어렵다. 따라서 세균이 가진 생리적인 특징을 조사해 분류의 기준으로 삼는다. 그런데 그 조사 결과가 항상 일치하지 않으므로 세균은 확실히 분류하기가 어렵다. 이렇게 분류하기가 어려운 원핵생물은 생물의 분류 체계에서 하나의 독립된 계인 원핵생물계를 이룬다.

세균 가운데 우리가 너무나 자주 이름을 듣는 것으로 대장균(*Escherichia coli*)이 있다. 대장균은 우리 대장 속에 서식하고 있다. 동시에 보이지 않게 우리 몸을 지켜 주는 세균이다. 대장균의 속 이름인 에셰리키아(*Escherichia*)는 이 균을 처음 발견한 독일인 의사인 테오도르 에셰리히(Theodor Escherich)의 이름에서 따온 것이고, 콜리(*coli*)는 다른 생물에서와 같이 종 이름을 뜻한다. 대장균의 족보를 거슬러 올라가 보면 대장균은 장내세균과(Enterobacteriaceae)에 속하고, 더 올라가면 진정세균목(Eubacteriales)에 속한다. 그리고 더 나아가면 진정세균강(Eubacteriomycetes) 및 세균문(Bacteriophyta)으로 이어진다.

바이러스의 족보 찾기에서 밝혀진 충격적인 진실

미생물의 또 다른 종류인 바이러스의 경우는 어떠한가? 바이러스는 생물적인 특징은 물론 무생물적인 특징도 갖추고 있다. 하나의 완전한 세포 모습을 갖추지 못한 바이러스는 독립적으로 물질 대사를 해 낼 수가 없다. 그러기에 바이러스는 스스로 에너지를 만들거나 에너지를 이용해 몸집을 불릴 수도 없다. 그래서 바이러스는 살아 있는 다른 세포 안에 들어 있을 때에만 증식할 수 있다. 세포 바깥에 있을 때에는 아무런 생명 현상을 나타내지 못한다. 이렇게 생물과 무생물의 경계에 있는 바이러스도 그럴듯한 족보를 따져 체계적인 분류를 할 수 있을까?

과학자들의 연구로 여러 바이러스가 발견되고 그 특징이 알려지면서 바이러스 분류의 필요성이 대두되었다. 그에 따라 바이러스도 다른 생물의 분류처럼 바이러스의 크기, 유전 정보의 규모, 증식 전략을 바탕으로 과와 속으로 나누자는 분류 기준이 만들어졌지만, 사람들에게는 이러한 분류 기준이 쉽게 받아들여지지 않았다. 이를테면 속의 이름은 '~바이러스(~virus)'로 하고, 과의 이름은 '비리데(~viridae)'로 하자는 등의 기준이 마련되었으나, 많은 사람이 이러한 명명법을 따르지 않아 흐지부지되어 버렸다. 지금도 바이러스의 종류를 구분할 때에는 '~바이러스 그룹'이라 부르거나 경우에 따라서 '~비리데' 같은 이름을 사용하기도 한다. 예를 들자면 아데노 바이러스를 일컬을 때에 '아데노 바이러스 그룹'이나 '아데노비리데(Adenoviridae)'라는 용어 가운데 편한 것을 골라 쓰고 있다.

최근 바이러스의 분류 체계를 새롭게 정리해 보자는 시도가 이루어지고 있다. 사실 생물의 계통도에는 바이러스의 자리가 빠져 있었다. 바이러스를 생명체로 보아야 하는지 분명치 않았기 때문이다. 바이러스는 핵산과 단백질 성분만으로 구성된 일종의 물질 '입자'라고 볼 수 있다. 자기 복제는 가능하지만 생리 대사 작용은 하지 않아 완전한 생명체로 보기가 어려운 것이다. 게다가 바이러스는 변이도 쉽게 일어나 계통 발생학적인 추적이 어렵다. 이것이 바이러스를 생명 진화의 계통도에 포함시키기 어렵게 만드는 또 하나의 요인이다.

그러나 2015년 미국 일리노이 대학교의 구스타보 카에타노아놀레스(Gustavo Caetano-Anollés)가 바이러스를 포함한 진화 계통도를 제시했다. 그의 연구진은 쉽게 바뀌는 유전자의 염기 서열 정보 대신에 잘 바뀌지 않는 단백질의 접힘 구조(folding)를 기준으로 삼아 바이러스와 세포의 기원과 진화의 역사를 살펴보자는 아이디어를 내놓고, 바이러스 3,460종을 포함한 생물 종 5,080종의 단백질 접힘 구조를 비교 분석했다. 그 결과 바이러스와 세포가 공유하는 접힘 구조가 442가지이고, 바이러스만 가지는 접힘 구조가 66가지임을 알아냈다. 바이러스가 세포와 아주 오랫동안 단백질 접힘 구조를 공유해 왔을 뿐만 아니라, 자신만의 접힘 구조를 진화시켜 왔다는 것이다. 이와 함께 바이러스만 가지고 있는 염기 서열도 발견했으며 이를 바탕으로 바이러스의 독자적인 진화 과정을 설명할 수 있는 또 하나의 근거를 제시하고 있다.

카에타노아놀레스 연구진은 이 결과를 바탕으로 바이러스까지도 포함한 그야말로 만물의 진화 계통도를 제시한다. 오랫동안 생명의 나무에서 자리를 잡지 못한 바이러스에게 자리를 준 것이다. 그리고 여기에서 한 걸음 더 '과감하게' 나아가 바이러스와 현생 세포 생물의 공통 조상, 즉 원시 바이러스 세포(proto-virocell)가 존재했고, 이 원시 바이러스 세포 중 일부가 현생 바이러스가 되고, 다른 것들은 고세균, 세균, 진핵생물 같은 현생 세포 생물이 되었다는 주장까지 내놓는다. 이 주장은 바이러스가 세포들로부터 비롯했을 것이라는 기존의 가설은 물론이고, 바이러스가 세포보다 먼저 출현했다는 그 반대 가설조차 뒤집는 것이다.

물론 이들의 설명은 획기적인 아이디어임은 분명하고 바이러스를 포함한 모든 생명체의 진화 과정을 한눈에 보게 해 주는 통합적인 진화 계통도를 제시한 점에서 큰 의의를 가진다. 그러나 한편으로는 바이러스와 비슷하면서도 단백질을 갖지 않고 핵산으로 이루어진 RNA만 갖는 '바이로이드(viroid)'에 대한 연구는 결여되어 있어, 이들의 과감한 가설이 어떤 결말을 맞을지는 좀 더 두고 보아야 할 것 같다.

우리 민족만큼 '족보'에 집착하는 민족도 별로 없을 것이다. 족보를 찾아보면 아버지가 누구이고 어머니가 누구인지, 할아버지 할머니가 누구이고 할아버지의 할아버지는 누구인지 알 수 있다. 족보에는 이름은 물론 성과 가문이 잘 정리되어 있고, 어느 집안에 누구누구는 어느 시조의 몇 대손인가가 일목요연하게 잘 정리되어 있기 때문이다. 하지만 요즈음 족보는 사료로서의 가치도 없는 봉건 시대 양반 혈통 증명서 또는 부계 혈통만 강조한 남성 중심주의의 산물이라며 폐물

취급받는다. 그러나 족보 기록을 바탕으로 출생률과 사망률의 변동을 추적해 조선 시대 전염병의 분포와 확산 경로를 해명하거나, 씨족의 유전 형질을 파악하는 연구들이 이루어지면서 기존 역사 기록의 틈을 메우는 사료로서의 가치가 재조명되고 있다.

생물 분류학은 생물학의 족보 연구라 할 수 있다. 그러나 우리 학계에서 분류학의 인기는 우리 민족의 '족보 집착'과는 달리 높지 않다. 그러나 카에타노아놀레스의 연구에서 볼 수 있는 것처럼 분류학은 생명의 기원과 그 역사의 수수께끼를 밝혀낼 최첨단 과학이다. 분류학을 낡은 학문이라고 외면하기 전에 애정을 갖고 한번 더 들여다보기를 바란다. 어쩌면 충격적 발견이 그 속에 숨어 있을지 모른다.

거룩한 건국의 역사

생명체 탄생이라는 문제

아주 먼 옛날, 지구가 맨 처음 생겨났을 때로 돌아가 보자. 그때는 당연히 사람은커녕 생명체도 존재하지 않았다. 그런데 지구는 언제 생겨났을까? 지금에서야 우리는 방사성 동위 원소의 붕괴 속도에 근거해 지구의 나이를 정확하게 측정할 수 있다. 그러나 과거에는 지질학자들이 지층과 화석의 연대를 연구해 나이를 추정해 왔다. 현재 지구의 나이는 46억 년으로 측정된다. 그러나 최초로 형성된 지층에 대한 자료가 지구에 남아 있지 않기 때문에, 정확한 근거가 없어 아쉬웠다. 때마침 인류가 달에 첫발을 내디디며 지구로 가져온 암석의 연대가 학자들이 방사선 동위 원소로 추정한 연대와 비슷한 수치를 보여 주었다. 따라서 달에서 온 암석은 우리가 추정한 지구의 나이에 신빙성을 더하는 충분한 증거가 되었다.

최초의 생명체가 언제 어떻게 발생했는지도 또 다른 관심의 대상이 되었다. 아마도 물속에 녹아 있던 여러 종류의 무기 물질이 어떤 힘에 이끌려 유기 물질로 변한 후 원시 생명체의 형태를 갖추었을 것으로 보인다. 원시 생명체의 탄생은 과학적으로 설명될 필요가 있지만, 누구나 실험실에서 간단하게 조작해 수행할 수 있는 연구 주제는 아니다. 살아 있는 생명체에 관한 것이기 때문이다. 생명체 탄생의 문제는 아직도 신비의 베일에 싸여 있다.

최초에 지구가 탄생했을 때에는 지구 둘레에 수증기(H_2O)와 수소(H_2), 메탄(CH_4), 암모니아(NH_3) 등의 단순한 분자들이 기체 상태로 뒤섞여 있었을 것이라고 지구 과학자들은 이해한다. 물론 그때는 모든 물질이 생명체와는 관계없는 무기물이었다. 이처럼 여러 무기물이 뒤섞인 상태가 오랫동안 지속되다가 어느 순간에 알 수 없는 힘을 받아 이 안에서 유기물이 만들어졌을 것이라고 추측할 수는 있다. 그렇더라도 실험을 통해 이를 증명하기는 어렵다.

생명은 '원시 수프'에서

그런데 1953년 스탠리 밀러(Stanley L. Miller)가 형성 초기 지구의 대기 조건에서 아미노산(NH_2CHR_nCOOH, 이때 $n=1\sim20$)이 만들어질 수 있다는 획기적인 실험 결과를 발표했다. 밀러는 아미노산이라는 유기 화합물이 생물학적 방법이 아닌 물리학적 방법으로 만들어졌다고 밝혔다. 밀러는 원시 대기에 번개가 내리치면 번개가 에너지원으로 작용해 유기물을 만들 것이라고 보았다. 따라서 그는 실험실에 원시 대기와 비슷한 상황을 조성하고 아미노산의 무생물적인 합성 과정을 실험으로 재현했다. 우선 그는 유리 기구 안에 메탄, 암모니아, 수소를 섞어 넣고 밀폐한 다음에 불꽃 방전을 반복적으로 일으켰다. 한편 유리 기구 안에 지구 탄생 시기의 원시 바다에서 일어났을 증발과 응축 상태를 만들어 주고자 기구 안의 물을 계속 순환시켰다. 며칠 동안 실험을 계속한 결과 유리 기구 안의 물이 불그스레하게 변했고, 그 물속에서 여러 아미노산과 유기 분자를 확인할 수 있었다.

학자들은 당시의 원시 대기에서 탄소는 수소와 결합해 메탄으로 있기보다는 오히려 산소와 결합해 이산화탄소 등으로 더 많이 있었을 것이라고 보았다. 질소 또한 수소와 결합해 암모니아로 있기보다는 그냥 질소 기체 상태로 더 많이 존재했을 것이라고 보았기에, 밀러의 실험 조건이 원시 대기와 다르다고 비판했다. 하지만 무기물로부터 유기물이 생성되었다는 이 실험 결과에는 아직도 중요한 의미가 있다. 밀러의 역사적인 실험을 계기로 학자들은 생물학보다는 화학 실험으로 먼저 생명의 기원을 찾아 보자는 착상을 얻었다.

지구가 탄생한 이후 무기물에서 유기물이, 유기물에서 원시 생명체가 만들어졌다고 전제한다면, 진화 과정에서는 맨 처음에 화학 진화가 있었을 것이라고 추정해도 무리가 없을 것이다. 지구상에서 최초의 생명체가 어떻게 발생했는가를 놓고는 학자들이 서로 다른 의견을 제시하고 있지만, 어떤 것도 아직 이를 정확하게 설명하지 못한다. 의견들 가운데에는 심지어 생명체가 외계 우주에서 기원해 지구로 이주했다고 설명하는 것마저 있다.

생명의 기원에 관한 여러 주장들 가운데에서 그나마 설득력 있는 것은 알렉산드르 오파린(Alexander Oparin)이 내놓았다. 오파린은 이미 1924년 『생명의 기원(*The Origin of Life*)』에서 원시 세포의 출현이 화학적인 진화에 따른 것이라고 주장했다. 또한 그는 무기물이라는 단순한 물질들이 결합해 유기물이라는 훨씬 복잡한 물질을 만들었다고 했다. 이러한 유기 물질은 분명히 살아 있는 생물 세포를 구성하는 분자들과 떼려야 뗄 수 없는 관계를 맺는다. 그래서 오파린은 이런 유기 물질이 바로 세포를 만드는 기본적인 구성 물질이고, 이들이 한데 어울려 원시 수프를 만들었다고 보았다. 그는 여기에서 한 발 더 나아가, 어느 순간 스스로 복제할 수 있는 기본적인 단위가 나타났는데 이것이 바로 최초의 원시 생명 물질이 되었다고 말했다.

최초의 원시 생명 물질은 유기물이 녹아 있는 원시 수프, 유기 국물에서 화학 진화에 따라 생겨났다고 할 수도 있다. 그렇지만 화학 진화 이후에 어떤 과정을 거쳐서 원시 생명 물질이 원시 생명체로 발전해 갔는지는 아직 정확히 설명할 수 없다.

모여라, 도와라, 공생하라

지금으로부터 38억 5000만~35억 년 전에 화학 친화력이 최초의 생명체라고 할 수 있는 원시 세포, 즉 원핵생물을 만들었다. 우리가 정확히 알지 못하는 그 시기에 화학 진화에서 생물 진화로 슬며시 넘어가면서 원시 생명체가 한 발짝 더 발전해 간 것이다. 이 원핵생물이 증식을 거듭해 만들어 놓은 화석이 바로 스트로마톨라이트(stromatolite)이다. 작게는 1센티미터부터 크게는 사람의 키에 이르는 퇴적 화석으로, 생물의 기원을 설명하는 근거로 항상 제시된다. 원핵생물들의 집단인 스트로마톨라이트는 지구상의 총인구보다도 더 많은 미생물이 한데 모여 사는 거대 도시에 비교할 수 있다. 스트로마톨라이트는 열대 지방의 호수, 그리고 밀물과 썰물이 만나는 해안가 웅덩이에 자리 잡고 번성했기 때문에 오스트레일리아를 비롯한 세계 각지의 해안가에 이들의 흔적이 있다.

스트로마톨라이트에 집단으로 모여 살던 원핵생물은 지금 방식으로는 남조류라는 남세균(cyanobacteria)으로 분류된다. 당시에 이 집단은 안과 밖의 구조가 완전하지 않아서인지 DNA를 핵 안으로 모으지 못한 채 원핵생물의 형태를 갖추고 있었다. 이들은 집단을 이루어 살아가면서 삶의 방식을 나름대로 만들어 갔다. 그것이 이른바 분업 형태이다. 많은 숫자가 한데 모여 집단을 이루자 어떤 것들은 광합성을 통해 태양 에너지를 받아들여 아데노신 삼인산(adenosine triphosphate, ATP)이라는 분자 형태로 에너지를 저장하는 일에 열심이었다. 그런가 하면 다른 것들은 영양 물질을 주변 환경에서 받아들이고, 쓰고 남은 것을 한데 모아 처리하는 일을 했다. 광합성 하는 것들을 녹여 버리는 강한 독성 물질을 먹으며 사는 것들도 있었다. 만약에 이들 중에서 한 건강한 개체가 집단에서 떨어져 나간다면, 곧바로 분열하기 시작하면서 새로 태어난 동료와 함께 무리를 이루어 새로운 집단 공동체를 만들었을 것이다. 집단을 이루어 살아가는 방법을 찾아낸 이들은 분업을 통해 서로 의지하면서 자신들이 지은 집에서 함께 모여 살았을 것이다.

생물에게는 서로 도우면서 살아가는 공생이라는 개념이 대단히 중요하다. 단순히 한데 모여 있는 것만이 아니고, 한 몸을 이루기까지 하면서 서로 도움을 주고받는 것이다. 특히 한 몸으로 어울려 사는 것은 더욱 확실한 공생 관계를 만들어 냈다. 이처럼 개체들의 공생이 언제 시작되었는지 확인하기는 그리 쉽지 않다. 외부에서 또는 내부에서 공생하는지만 따져 보더라도 공생의 정도와 필요성, 시기 등을 추정할 수 있다.

미국의 생물학자 린 마굴리스(Lynn Margulis)는 생물의 특별한 공생 관계를 논했다. 진핵생물의 세포 내부에서 어떤 소기관들은 원래 독립 생활을 하던 원핵생물이었으나, 진화하는 과정에서 세포 안으로 흡수되어서는 사라지지 않고 공생의 길을 걸었다는 것이다. 가장 유력한 후보로는 식물 세포의 엽록체(chloroplast)가 꼽힌다. 남세균처럼 태양 에너지를 이용해 이산화탄소를 포도당으로 바꾸는 광합성을 하는 원핵생물이 식물 세포 안에서 엽록체가 되어 광합성을 담당했다. 그러므로 필요한 양분을 스스로 만들어 살아가는 식물에서는 엽록체가 가장 중요한 역할을 하는 소기관이다. 또 다른 후보로는 진핵생물의 모든 세포 안에 들어 있는 미토콘드리아(mitochondria)가 있다. 어쩌다 손님으로 들어온 원핵생물이 그대로 살아남아, 생물 세포 안에서 에너지를 합성하는 중요한 역할을 하는 소기관인 미토콘드리아가 되었다는 것이다.

그 외에도 스피로헤타(spirochaeta, 나선상균)로 알려진 철사 모양의 원핵생물은 진핵 세포의 내부 골격을 이루었다. 진핵 세포 안에서 물질 이동을 돕는 수축성 섬유 역할도 하는 한편 세포 바깥에서는 운동 기관으로도 일했다. 또한 진핵생물이 지닌 막대한 양의 유전자를 복제하기 위해 필요한 재료들을 엮어 내는 일까지도 맡았다. 이처럼 바쁘게 일하던 원핵생물 손님들은 세포 안에서 하는 일에 자연스럽게 적응하다가 마침내는 숙주 세포가 분열해서 딸세포를 만드는 동안에 함께 복제되었다. 진핵 세포 안에 자리 잡은 이 소기관들은 세포의 다른 구성 요소들과 달리 소기관 내부에 유전 물질인 DNA 분자를 담고 있다는 점이 특별하다. 이들이 이전에는 독립적인 개체로 살았을 가능성을 무시할 수 없는 이유이다.

'세포 내 공생'이라는 특별한 공생 관계를 설명한 마굴리스는 한 걸음 더 나아가 이러한 공생 관계 덕분에 생명체들이 그다음에 밀어

닥친 유독성 오염 물질의 위험에서 살아남았다고 설명한다. 여기서 유독성 오염 물질이란 산화(酸化)를 일으키는 산소를 가리킨다. 과거에 엽록체를 통해서 광합성을 하던 식물들은 부산물로 산소를 내놓았다. 이렇게 대기 중에 축적된 산소는 그때까지 산소 없는 환경에서 진화해 온 수많은 생명체에 치명적으로 작용하게 되었다. 그렇지만 진핵 세포 안에서 새로운 공생 관계를 만들던 미토콘드리아가 이 위험한 사태를 추슬렀다는 것이다. 자신의 숙주가 유독성 기체에 해를 입기 전에 세포 내 공생을 하는 미토콘드리아가 산소를 빨아들이고 숙주와 공동체에 필요한 먹이로 바꾸어 줌으로써 위험을 없앴다는 설명이다.

우리는 미생물의 후예

요즈음 생물학자들은 물론이고 일반 대중도 생명체의 기원인 원시 생명체가 미생물이었을 것이라고 생각한다. 여러 종류의 기관과 조직으로 복잡하게 구성된 생물들에 비해 미생물이 훨씬 단순한 형태로 이루어져 있기 때문에 그렇게 여기는 것이다. 그런데 한 가지 짚고 넘어갈 것은 미생물이 결코 원시적이지 않다는 점이다. 생물이 살아가는 데 가장 중요한 식생활을 비교해 보아도 미생물이 단순하지 않다는 사실을 알 수 있으며, 더 나아가 생명의 특징까지 대략적으로 이해할 수 있다.

동물은 풀을 먹든 고기를 먹든 살아가는 데 필요한 에너지를 외부에서 받아들여야 한다. 기본적인 에너지를 제공하는 영양 물질은 물론, 몸속의 생리 대사 조절에 필요한 극미량의 비타민도 외부에서 받아들여야 한다. 비타민이나 아미노산 같은 영양분을 스스로 공급하지 못하는 사람이나 동물과는 달리 미생물은 영양분을 스스로 공급하는 체계를 갖추고 있다. 그뿐만 아니라 동물, 식물과는 다른 방식을 따르기는 해도 미생물 또한 종종 성생활을 하면서 유전 물질을 한 세포에서 다른 세포로 전해 주기도 한다. 언뜻 동물이나 식물은 갖고 있는 특별한 기능을 미생물은 전혀 갖지 못한 것처럼 보이지만, 자세히 살펴보면 미생물도 필요한 기능을 한 세포 안에 갖추고 있다.

미생물은 세포 하나로 구성되어 있어 구조가 가장 단순하다고 생각되기 쉽다. 그렇지만 그들도 필요한 기능을 모두 나름대로 갖추고 있고, 불편함을 전혀 못 느끼는지도 모른다. 물론 원시 생명체의 생명 활동이 지금 세균의 그것과 똑같지는 않다. 하지만 세균의 생활 방식이 예전 방식과 크게 달라지지 않았다면 마찬가지로 원시 생명체의 생활 방식도 크게 바뀌지는 않았을 것으로 짐작된다.

우리뿐만 아니라 지구상의 모든 생물이 최초의 생명체에서 비롯한 후손이라는 주장에는 특별한 의미가 있다. 복잡한 생명체가 단순한 생명체로부터 매우 긴 시간에 걸쳐 점진적으로 진화해 왔다고 설명할 수 있기 때문이다. 하지만 이러한 설명은 아직 완전하지 않다. 화학 진화를 하던 생물이 생물 진화를 시작하며 형태를 계속 바꾸었다고 하더라도 모든 증거와 자료가 한 줄기로 이어지지는 않는다. 증거와 자료가 없는 중간 단계가 중간중간에 있기도 하다. 이때 마굴리스가 주장한 세포 내 공생은 생물의 진화 과정에서 이른바 '잃어버린 고리'를 찾는 한 가지 설명이 될 것이다. 생명의 진화를 설명하면서 틈을 메워 줄 수 있는 고리를 찾아내는 작업은 그치지 않고 계속되어야 한다.

오래전부터 많은 사람이 생명의 기원에 의문을 품고 이에 대한 여러 설명을 내놓고 있다. 그러나 아직 어떠한 설명도 명쾌한 답을 제시하지 못하고 있다. 분명한 사실은 많은 사람이 의문을 제기해 온 이 문제를 누군가는 설명해야 한다는 점이다. 이때 설명이라는 말에는 많은 사람이 이해하고 납득할 수 있어야 한다는 뜻이 있다. 그러려면 설명은 과학적이어야만 한다. 지금까지 밝혀진 객관적 사실을 근거 삼아 이 문제를 합리적으로 설명해야 한다는 것이다. 그러나 아쉽게도 생명의 기원은 인위적인 실험 결과를 제시하면서 간단히 요약할 수 있는 문제가 아니다. 생명이 언제 시작되었는지, 긴 시간 동안 어떻게 변화를 거듭하며 지금까지 이어져 왔는지에 대한 모든 문제를 포괄하기 때문이다.

생명의 기원을 알아내는 일은 이처럼 어렵지만, 그럼에도 불구하고 몇 가지 설명이 알려져 있다. 이들은 과학적인 지식을 동원하고 있으므로 우리가 생명의 기원을 조금은 쉽게 이해할 수 있도록 도와주고 있다. 비록 과학적이라 하더라도 생명의 기원에 대해서는 실험 결과처럼 확실하게 답을 얻을 수 없다. 그래서 물론 이 설명들이 충분하지는 않다. 그렇다고 해서 모른 체하거나 적당히 얼버무리는 것도 과학의 도리는 아니다. 우리는 아직 아무도 풀지 못한 우리 출생의 비밀을 밝혀내고자 과학적인 설명을 찾아내는 노력을 기울여야 하고, 또 기울이고 있다.

거룩한 건국의 역사

무한히
넓어지는 국경

눈에 보이지 않는 세계를 경험하는 때

아침에 눈을 뜨는 것으로 하루는 시작된다. 눈을 뜨면 우리 눈에는 모든 사물이 드러나 보인다. 만약에 눈을 떴는데도 잘 보이지 않으면 눈을 비비며 시력을 회복하려 한다. 방 안에 놓인 탁자와 의자, 벽에 붙어 있는 그림 액자, 유리창 너머로 내다보이는 바깥 풍경, 가까이는 내가 밤새 누워 있던 이부자리까지, 눈앞에 펼쳐진 모습을 바라본다. 이 모두는 나에게 가장 익숙한 모양과 크기를 하고 있다. 모든 것이 어젯밤, 아니 오래전부터 보아 온 모습과 전혀 변함이 없다는 것을 눈으로 확인하고 나면 나도 모르게 긴장이 풀리면서 마음에 평온함이 자리 잡는다.

그런데 아침에 눈을 떠 보니 아무것도 보이지 않는다면 우리는 무척이나 당황할 것이다. 무엇이 잘못되었는지 미처 확인할 틈도 없이 황당함과 두려움이 밀려들 것이다. 혹은 만약에 갑자기 모든 사물의 크기가 10분의 1로 축소된다거나 10배로 확대된다면, 아무것도 보이지 않는 상황보다는 낫더라도 황당하기는 마찬가지이다. 편안한 마음으로 살려면 나도, 세상도 원래의 크기를 하고 있어야 하는 것이다.

가끔은 전혀 상상하지 못한 미시의 세계를 경험할 때가 있다. 해마다 봄철이면 중국에서 황사가 날아온다. 황사는 그야말로 진흙 가루가 아닌가? 보통 때에는 흙먼지가 일더라도 '그런가 보다.' 하고 대수롭지 않게 넘기지만, 저 멀리 중국의 내륙에서 여기까지 흙먼지가 날아온다고는 선뜻 이해하기 어렵다. 게다가 흙먼지 속에 아주 작은 크기의 여러 광물질은 물론이고 눈에 보이지 않는 미생물 또한 들어 있다는 사실을 알고 나면 마치 조금은 다른 세계를 여행하는 듯한 느낌이 든다.

먼지는 아주 작은 것을 나타내는 대표적인 말이다. 청소하더라도 이리저리 흩어져 있는 작은 먼지는 눈에 보이지 않지만, 한꺼번에 모아 놓으면 덩어리로 모습을 드러낸다. 아무것도 없는 것처럼 보이던 선반 위에 가만히 손을 얹고 표면을 쓸어 보면 선반에 쌓여 있던 먼지가 한 움큼 손바닥에 묻어 나온다. 이렇게 크기가 아주 작은 것들은 우리와 차원이 전혀 다른 세상에 있을 것 같지만, 먼지나 미생물이 존재하는 미시의 세계가 가끔씩 모습을 드러낸다.

0.1밀리미터 이하의 존재들

눈으로 볼 수 없는 작은 생물을 우리는 미생물이라 부른다. 미생물은 눈으로 볼 수가 없으니 차라리 없다고 생각하면 마음이라도 편할 듯하다. 그런데 미생물의 존재를 알고 나면 호기심이 발동해 그것을 그냥 내버려두지 않는다. 오래전부터 사람들은 눈으로 볼 수 없는 것마저 볼 수 있는 기구를 만들어 작은 생물을 탐구하기 시작했다. 그리하여 전혀 상상하지 못한 미시의 세계를 개척했다. 이른바 현미경의 세계라고나 할까. 미생물의 세계에는 여러 가지 종류가 있다는 것도 알아냈다.

눈으로 볼 수 없는 작은 크기란 도대체 얼마만 할까? 문장 마지막에 찍히는 마침표는 우리 눈으로 볼 수 있다. 그런데 이 마침표 지름의 10분의 1 정도 크기라면 가물가물해 알아보기조차 힘들 것이다. 우리 눈으로 구분할 수 있는 한계는 0.1밀리미터이므로 이보다 작은 크기의 생물이라면 모두 미생물이라 할 수 있다. 우리가 알고 있는 미생물은 대부분 곰팡이, 박테리아, 바이러스 등의 병원균을 중심으로 구분된다. 이 가운데 곰팡이는 실 모양으로 뻗어 나가는 균사(菌絲)를 만들기에 가끔 우리 눈에 띄기도 하지만 세균과 바이러스는 전혀 보이지 않는다. 이 미생물들의 존재는 우리가 어떻게 알 수 있을까?

여기에서 미생물의 크기와 세포의 크기를 비교해 보자. 물론 세균은 세포 안으로 침입할 수 있기 때문에 분명히 세포보다는 월등히 작다. 바이러스 또한 세균 안으로 침입할 수 있기 때문에 세균보다도 분명히 작다. 그렇다면 세포는 도대체 얼마나 큰 것일까? 세포의 길이는 대체로 수십 마이크로미터(µm, 1마이크로미터는 1,000분의 1밀리미터이다.)이다. 이에 비해서 세균의 길이는 보통 수 마이크로미터이고, 바이러스의 길이는 대개 수 나노미터(nm, 1나노미터는 100만분의 1밀리미터이다.), 길어도 수십 나노미터에 불과하다. 따라서 세포와 세균, 세균과 바이러스의 길이 차이는 각각 10배, 100~1,000배 정도라고 할 수 있다. 그런데 이것은 단순한 길이 차이일 뿐이며, 미생물이라 하더라도 단순히 길이를 비교하지 않고 또 다른 특성인 부피를 살펴보아야 할 것만 같다. 부피는 각각 1,000배, 100만~10억 배라는 엄청난 차이를 보인다.

바이러스는 생명체 중 가장 작다고 알려져 왔다. 단순한 분자와 크기를 비교하더라도 그리 엄청나게 크지도 않다. 일반적인 분자의 크기는 수 나노미터이며, 단백질의 크기 또한 수십 나노미터이다. 바이러스의 크기는 분자에 버금가는 셈이다. 그래도 바이러스가 분자보다 10배 더 크다고 생각해 보자. 세균과 세포의 부피 차이가 1,000배 정도라고 한다면 바이러스와 분자의 부피 차이도 1,000배 정도이거나 그보다 작을 수 있다. 그런데 세균과 바이러스의 부피 차이가 100만 배 정도 나타나는 것은 도대체 어떻게 생각해야 할까?

양분을 먹고 자라는 세균을 증식시킬 때에는 영양 배지를 이용한다. 영양 배지는 세균이 사는 데 필요한 영양분이 골고루 들어 있는 액체이므로, 배지의 양을 측정할 때에는 물을 헤아릴 때처럼 밀리리터 단위를 이용한다. 1밀리리터는 부피로 따지면 1세제곱센티미터에 해당한다. 이것을 물로 생각해서 무게가 1그램이라고 가정해 보자. 만약에 영양 배지 1밀리리터 속에 크기가 1마이크로미터인 세균이 꽉 들어차 있다면 세균이 10^{12}마리 있다고 본다. 1센티미터는 10밀리미터이기 때문에, 1세제곱센티미터 속에는 부피가 1세제곱마이크로미터인 세균이 변마다 1만 마리씩 줄지어 서 있다. 입체적으로 1만 × 1만 × 1만 = 1조 마리가 꽉 차게 자리한 셈이다.

영양 배지에서 세균을 충분히 증식시키면 그 숫자는 대체로 $10^8 \sim 10^9$마리에 이른다. 이렇게 많이 증식한다 하더라도 1세제곱센티미터 안에서 세균이 차지하는 부피는 1,000분의 1에 불과하다. 이를테면 넓은 운동장에 모인 사람 1,000명 가운데 한 사람이 세균의 몫에 해당한다고 볼 수 있다. 그 한 사람이 사람들의 눈에 쉽게 드러나겠는가? 아무리 눈을 밝히고 이 잡듯 뒤진다 하더라도 쉽게 찾을 수 없는 일이다.

바이러스는 죽었을까, 살았을까?

이렇게 크기가 작은 미생물이라 하더라도 한 생명체로 살아가려면 생장과 증식, 변이라는 생명체로서의 특징을 지녀야 한다. 미생물

가운데 세균은 이 세 가지 특성을 모두 지니고 있으므로 완전한 생명체이다. 세균과 바이러스 모두 같은 미생물이라고 친다면 '그게 그것 아닌가?'라고 생각할 수도 있겠지만, 실제로 생장을 하지 못하는 바이러스는 마치 무생물로 보이기도 한다. 세균과 바이러스를 '세균'과 '병독'이라는 말로 바꾸어 놓으면, 서로를 구별할 수 있는 어떤 느낌이 다가오는 듯도 하다. '균'과 '독'이라는 말의 뜻을 깊이 생각해 본다면 '생명체'와 '물질'이라는 의미가 살며시 우러나온다.

그렇다. 완전한 생명체로 꼽히는 세균이 살아가기 위해서는 양분은 물론 알맞은 온도와 pH(수소 이온 농도)가 확보되어야 한다. 다시 말하면 세균은 우리처럼 밥을 먹고 키가 자라며, 결혼해 자식을 낳고 지역과 사회에 봉사하며 살고 있다. 이는 세균이 완전한 생명체이기에 비로소 가능한 일이다. 그런데 바이러스는 먹이를 먹지 않는다는 점에서 세균과 아주 다르다. 따라서 바이러스는 시간이 지나더라도 몸집이 커지지 않는다. 현대자동차 아반떼가 3년 후에 그랜저나 제네시스로 바뀌지 않는 것과 같다. 자동차는 누가 뭐래도 무생물이기에 휘발유라는 먹이를 먹는다 하더라도 자랄 수가 없다.

아니, 그렇다면 바이러스는 죽었다는 말인가? 여기서 '죽었나, 살았나?'라는 질문은 잠시 접어 두고 더 생각해 보자. 바이러스는 희한하게도 자신과 똑같은 후손을 아주 많이 만들어 낼 수 있다. 다만 이는 바이러스가 살아 있는 숙주 세포에 들어가야만 가능하다. 경우에 따라서는 더욱 험한 세상에서도 살아남을 수 있는 똑똑한 바이러스

후손들이 태어난다. 이렇게 바이러스는 생장은 하지 않더라도 증식과 변이라는 생명체로서의 나머지 특징을 가진다. 그래서 사람들은 바이러스를 일컬어 "살아 있는 유전 물질"이라고 조금은 긴 표현을 쓰기도 한다. 이런 바이러스가 생명체로서 한몫을 한다는 사실이 정말로 대단해 보인다.

생명체가 나타내는 생명의 활성을 보면, 생명체의 크기가 반드시 중요하지는 않다고 말할 수 있다. 눈에 보이는 생물이나, 우리 눈으로 볼 수 없는 미생물이나 살아가는 현상은 따지고 보면 근본적으로 같기 때문이다.

바이러스가 생물의 몸을 구성하는 세포 안과 밖으로 들고 날 때에는 바이러스의 크기에 따라 흔적을 남기거나 전혀 남기지 않을 수도 있다. 흔적을 남기지 않는다는 말은 바이러스가 세포 속으로 상당수 들어간다 하더라도 세포가 안으로 들어간 바이러스 입자들의 부피만큼 부풀어 오르지도, 터지지도 않는다는 뜻이다. 바이러스가 세포에 비해 표시조차 나지 않을 정도로 작기 때문이다. 만약에 세포가 부풀어 오를 만큼 바이러스 입자가 크다면, 바이러스가 세포에 직접적으로 피해를 주어서 세포가 파괴되고 말 것이다. 바이러스가 세포 안에서 어마어마한 숫자로 증식한 후에 세포를 부수고 나오게 되면 비로소 사람들은 바이러스가 가까이 있다고 느낀다.

본 적 없던 세계가 눈앞에 있다

　이제껏 알려진 바이러스 가운데 가장 작은 것은 세균에 기생하는 MS2라는 박테리오파지(bacteriophage)이다. 박테리오파지 MS2는 핵산으로 외가닥의 RNA를 지니며, RNA 염기 약 3,600개로 구성되었다는 사실이 바이러스 가운데 가장 먼저 밝혀졌다. 물론 박테리오파지 MS2는 바이러스이기에 외피 단백질이 핵산을 둘러싸고 있는 것은 두말할 나위가 없다. 그런데 바이러스와 성질이 비슷하면서도 외피 단백질이 없는 식물 병원체가 알려졌다. 외가닥의 RNA를 지닌 점은 바이러스와 같지만 외피 단백질이 없는 것은 물론 어떤 단백질도 만들어 내지 않는다. 더욱 흥미로운 것은 RNA 염기 300~380개로만 구성되었다는 점이다. 그런데도 바이러스와 비슷한 점이 많아 이것을 바이로이드라고 부른다.

　바이로이드야말로 이제까지 밝혀진 가장 작은 미생물이라고 말할 수 있다. 핵산 염기의 수를 비교하더라도 가장 작은 바이러스의 10분의 1 정도에 불과하기 때문이다. 따지고 본다면 바이로이드 역시 바이러스와 같이 생명체로서의 특성이 있다. 바이로이드의 존재가 알려진 것은 불과 30여 년 전의 일이다. 당시에는 바이로이드라는 말이 없었기에 그냥 "전염성이 있는 저분자량의 RNA"라고 불렀다. 이는 바이러스를 바이러스라 부르기 이전에 "액성 전염 물질(Contagium vivum fluidum)"이라고 불렀던 것을 기억나게 한다. 크기가 바이러스 핵산의

10분의 1도 채 안 되는 바이로이드 RNA가 독자적인 증식 체계를 갖추고 더 나아가 변이까지 일으킨다는 사실은 우리를 새삼스레 놀라게 만든다. 그리고 도대체 얼마나 작은 크기의 생명체가 앞으로도 나타날 것일까 하는 궁금증을 갖게 한다.

더욱 놀라운 것으로는 아직 성질이 완전히 알려지지는 않은 광우병(狂牛病)의 병원체를 꼽을 수 있다. 이것은 단백질의 성질을 나타내기에 프리온(prion)이라는 이름이 붙었는데, 이전까지 알려진 병원체와는 전혀 다른 성질을 지닌 것으로 드러났다. 병원체는 숙주에 들어가 자신의 숫자를 늘림으로써 병을 일으키기에 병원체라 불린다. 이때 숫자가 늘어나는 것이 증식이다. 설령 증식을 스스로 할 수 없다 해도 외부에서 영향을 받기라도 해서 원인 물질의 수가 늘어나야 병으로 발전한다는 뜻이다. 이제까지 알려진 바에 따르면 프리온은 스스로 같은 단백질을 만들어 증식하기보다는 오히려 정상 단백질을 프리온이라는 변형 단백질로 바꾸어 정상적인 단백질 역할을 제대로 못하게 만들고 결국에는 숙주를 소멸시킨다. 이는 어떤 단백질은 스스로 증식하지 않더라도 변형된 단백질의 수를 늘릴 수 있음을 뜻한다. 앞으로 이 메커니즘이 정확하게 알려진다면 언젠가는 새로운 병원체로 확인될 수도 있다.

만약에 이 새로운 병원체가 스스로 증식할 수 있다고 정확히 밝혀진다면, 생물 분자조차 스스로 분열 또는 증식함을 의미하게 된다. 완전한 생명체도 아닌, 무생물에 가까운 분자들이 그야말로 생생히 활동하면서 새로운 미시의 세계를 구축한다는 것일까? 그렇다면 앞에서 생명체로서의 특성으로 이야기한 생장의 의미를 어디에서 찾아야 할까? 수적인 증가만으로 충분할까, 아니면 우리가 생명의 정의를 바꾸어야 할까? 그 밖에도 이제까지 우리가 본 적이 없던 많은 미시의 세계가 우리 눈에 보일 듯 말 듯 하다.

증식하여
대대손손 다스리라

미생물의 힘은 증식에 있다

미생물은 우리 눈에 보이지도 않는 아주 작은 존재이다. 크기가 작으니 아주 하찮은 존재라고 무시해 버리고 싶다. 그렇지만 무시할 수는 없다. 모든 생물의 우두머리를 자처하는 인간도 보이지 않는 미생물에게는 어쩔 도리가 없다. 이렇게 작은 생물들이 우리를 귀찮게 할 수 있는 힘은 대체 무엇일까? 그중 하나를 미생물의 뛰어난 증식 능력에서 찾을 수 있다.

미생물은 가만히 있는 것처럼 여겨지지만 자신이 살아가기에 적당한 조건이라고 느끼면 부지런히 자손을 늘려 나간다. 눈으로 볼 수 없기 때문에 얼마나 빠른 속도로 증식하는지 알지 못할 뿐이다. 미생물은 사람처럼 자식 키우기가 힘들어 낳기를 꺼리거나 아예 결혼조차 하지 않고 혼자 사는 법이 절대로 없다. 더구나 세균은 굳이 짝을 만나지 않더라도 얼마든지 자식을 낳을 방법을 알고 있다. 이제 미생물 가운데에서도 세균과 바이러스가 어떻게 증식하는지 간단히 비교해 보자.

1, 2, 4, 8, 16, 32, 64, … 이것은 세균이 증식하는 숫자를 의미한다. 세균은 한 몸이 둘로 쪼개지면서 두 개체가 되는 이분법으로 증식한다. 이렇게 증식하는 세균이 100만 마리에 이르기까지는 시간이 얼마만큼 걸릴까? 아무리 빨리 증식하더라도 며칠은 걸릴 것 같지만 실제로는 불과 몇 시간이면 가능하다. (흔한 대장균 하나가 둘로 쪼개지는 시간은 일반적으로 20분 정도면 충분하다고 하니, 2의 n제곱이 100만 이상 되게 하는 숫자 n에 20분을 곱하면 답을 구할 수 있다.)

세균은 영양 대사를 통해 필요한 에너지를 스스로 만들어서 생장과 증식에 쓸 수 있다. 세균이 증식하려면 적어도 몇 가지 필요한 조건이 갖추어져야 한다. 우선 에너지의 연료가 될 영양분이 확보되어야 하며, 살아가는 데 적당한 온도와 pH가 알맞게 갖추어져야 한다. 실험실에서 세균을 증식시킬 때에는 영양 배지를 항온기에 둠으로써 세균이 자랄 수 있는 최적의 조건을 마련해 준다.

그런데 따지고 보면 대장균이 20분 만에 증식한다는 지식도 대장균의 증식에 필요한 모든 조건이 갖추어진 환경을 전제로 한다. 영양이나 온도, pH 가운데 어느 하나라도 갖추어지지 않았다면 세균의 증식은 제대로 이루어질 수 없다. (이에 비해 바이러스의 증식은 환경 조건에 더 적게 영향을 받는데, 그 이유는 바이러스가 생물 세포 안에서 증식한다는 데서 짐작할 수 있다.) 즉 대장균의 증식 시간 20분은 우리나라의 경제 성장률 5퍼센트나 다름없다. 생산과 소비, 수출과 수입이라는 우리나라의 모든 경제 조건이 성장 가능한 방향으로 지속될 것이라는 전제조건이 지켜질 때 비로소 목표 성장률을 달성할 수 있는 것과 같다.

세균의 증식 속도가 환경 조건에 지배되기 때문에 생각보다 무섭지 않다는 말은 아니다. 세균을 비롯해 많은 종류의 미생물이 우리 몸에 침입해 병을 일으킬 수 있다. 환경이 열악한 상태에서 근근이 명맥을 유지하던 병원균이라 하더라도 일단 우리 몸에 침입해 좋은 조건을 만나면 급속히 증식해 해를 줄 수 있다. 따라서 주의와 예방이 항상 중요한 일임은 틀림이 없다.

바이러스, 수백 마리가 한꺼번에 쏟아지다

바이러스가 증식하는 모습은 세균과 다르다. 바이러스는 살아 있는 숙주 세포에 들어가야만 증식과 변이를 할 수 있다. 이때 숙주는 동물이나 식물, 세균이 될 수 있다. 물론 사람도 숙주가 될 수 있다. 바이러스는 저 나름대로 살아가기 위해서 숙주를 찾아 나서는 것이지만, 바이러스의 침입이 숙주의 입장에서는 피해이기 마련이다. 그래서 숙주는 바이러스로 인한 피해를 막아 보고자 모든 노력을 기울인다.

그나마 다행인 점은 바이러스도 양심이 있는지 아무 숙주에나 무턱대고 들어가지는 않는다는 것이다. 그야말로 '코드가 맞는' 종만 찾아들어가는데, 이를 생물 세계에서는 종 특이성(species specificity)이라고도 부른다.

2000년대 초 문제가 된 중증 급성 호흡기 증후군, 사스(SARS, severe acute respiratory syndrome)라는 코로나 바이러스의 변종 SARS-CoV나 2020년 전 세계를 떠들썩하게 하고 있는 코로나 바이러스 감염증-19(Coronavirus disease 2019, COVID-19, 한국에서는 주로 '코로나19'라는 약칭으로 불린다.) 발병의 원인인 SARS-CoV-2도 따지고 보면 종의 특이성에 변화를 일으킨 듯하다. 평소에는 사람들을 모른 체하더니만, 마치 바이러스도 생명체라는 사실을 과시하듯이 어느 틈엔가 슬며시 찾아들어 심술을 부리는 것이다.

처음에는 사스의 창궐에 사람들이 당황했지만, 조금 지나자 어려움을 극복해 냈다. 이 또한 생물 세계에서 일어나는 일종의 공진화(coevolution)일 것이다. 이 모든 것이 우리는 전혀 느낄 수 없는 바이러스의 세계가 아니겠는가.

그렇다면 바이러스는 어떻게 증식할까? 바이러스는 세균처럼 이분법으로 증식하지 않는다. 세포라는 공장에서 핵산과 단백질 분자라는 부품을 조립해 바이러스 입자를 만들어 내기 때문에, 한번 증식을 시작하면 그치지 않고 부품이 소진될 때까지 바이러스를 만들어 낸다. 따라서 바이러스는 한꺼번에 수백 마리씩 쏟아 내듯 증식한다.

바이러스의 증식을 표현하자면 한 줄로 이어 쓰는 편보다는 부챗살처럼 하나로부터 여러 갈래로 펼쳐지게 적는 편이 더 정확하다. 바이러스는 경우에 따라 세균을 숙주로 삼는다. 그러므로 바이러스 입자의 증식 속도는 숙주인 세균의 증식 속도보다는 빠르지 않은 것으로 생각된다. 그렇지만 바이러스의 증식 속도는 빠르면 세균의 증식 속도에 버금갈 수도 있다.

세포 안에서 바이러스의 증식을 제한하는 조건은 별로 없다. 바이러스의 증식에 필요한 부품은 숙주 세포에 모두 들어 있기 때문이다. 증식에 필요한 부품이나 원료를 하나하나 바이러스 스스로 만들어 내지 않아도 되는 편리한 조건을 갖추었다고 볼 수 있다. 물론 숙주 세포에 들어 있지 않은 것을 이용하려면 특별한 방법으로 부품을 만들어 쓰거나, 그것이 어렵다면 처음부터 바이러스 입자 안에 마련되어 있던 것을 써야 한다.

바이러스가 어느 세포이건 가리지 않고 들어가 증식할 수 있는 것은 아니다. 바이러스마다 자신이 증식할 수 있는 특정한 세포가 있다. 김치 재료가 되는 배추에 식물 바이러스가 들어 있다 하더라도, 우리가 김치를 먹었다고 해서 이 식물 바이러스가 우리 몸 안에서 증식하지 못하는 것도 종 특이성 때문이다. 발효 음식인 김치가 아니라 싱싱한 샐러드라 해도 그 결과는 같다. 즉 특이성이 다른 것인데, 동물 바이러스는 식물에 들어가 증식할 수 없고, 세균 바이러스는 동물 세포에 들어가 살 수 없다.

미생물이 살아남는 법

한편 곰팡이의 증식은 어떠할까? 곰팡이는 포자라는 특별한 증식 방법을 찾아냈다. 장마철이거나 습기가 많은 곳에서는 곰팡이가 여기저기 많이 자라는 것을 볼 수 있다. 곰팡이 역시 미생물의 한 종류가 분명한데 우리 눈에 보일 수도 있다니 신기하다. 이렇게 곰팡이가 우리 눈에 띄는 것은 이들이 집단으로 번성하기 때문이다. 곰팡이는 조건이 허락하는 대로 가느다란 실 모양의 균사체(mycelium)를 뻗어 낸다. 이 균사체 덩어리가 점점 불어나서 우리 눈에 띌 만큼 커진 것이다. 나무나 풀도 가느다란 잔뿌리를 뻗어 내기는 하지만, 곰팡이의 균사체는 실보다도 더 가느다랗고 헝클어진 모습이다.

곰팡이가 뻗어 낸 균사체는 영양분을 얻어 자라기 위한 방편이다. 그러나 아무리 주위에 영양분이 많이 널려 있다고 하더라도 균사체만 뻗어 내어 몸을 불려 나가야 한다면, 영양분이 고갈되어 얼마 지나지 않아 죽기 마련이다. 그래서 곰팡이는 영양분을 얻어 어느 정도 자라고 나면 자손을 퍼뜨리기 위한 생식 과정에 들어간다. 먼지같이 많은 포자를 만들어 먼 곳까지 퍼뜨림으로써 자손을 번성시킨다.

나무나 풀은 싹을 틔우고 자라나서 크기가 어느 정도 되면 꽃을 피우고 열매를 맺는다. 식물이 제 몸체를 불려 나가는 것을 일컬어 영양 생장이라 하고, 씨앗을 만드는 것을 일컬어 생식 생장이라고 하며 이 둘을 구분한다. 곰팡이도 균사체가 뻗어 나가는 것을 영양 생장에,

포자를 만들어 증식하는 것을 생식 생장에 비유할 수 있다. 생식 또한 암컷과 수컷이 수정해 증식하는 것을 일컬어 유성 생식이라 하고, 암컷과 수컷의 구별 없이 한 개체가 스스로 증식하는 것을 일컬어 무성 생식이라고 하며 이 둘을 구분한다.

곰팡이는 생식 과정에서 완전한 유성 생식을 한다고 보기 어려운 점이 있다. 씨앗에 해당하는 곰팡이 포자의 핵형은 배수체($2n$)가 아닌 반수체(n)이기 때문이다. 더구나 반수체인 곰팡이 포자가 곰팡이로 자라기 위해서는 포자와 포자가 합쳐진 상태($n+n$)가 되어야 한다는 특징이 있다. 다시 말해 곰팡이가 자라기 위해서는 배수체는 아니더라도 포자 두 개가 합쳐지는 융합 단계를 거쳐야 한다. 이렇게 자란 곰팡이는 포자를 만들더라도 반수체라는 특징이 있다.

곰팡이의 증식은 무성 생식과 유성 생식의 중간에 있으면서 나름의 형태를 지키고 있다고 볼 수 있다. 다만 증식 형태를 체계적으로 갖추는 것보다는 환경에 효과적으로 적응해 살아남는 것이 미생물에게 더 중요했을 것이다. 따라서 독특한 증식 방법을 고수하는 것이다.

미생물 가운데 세균은 분명히 무성 생식을 통해 증식한다. 그런데 무성 생식만으로는 더 좋은 형질을 얻기가 어렵다. 따라서 유성 생식과 비슷한 방법을 통해서 필요한 능력을 얻고 부족한 부분을 채우기도 한다. 이를테면 형질 전환(transformation)을 통해 다른 종에게서 필요한 능력을 받아들인다. 곰팡이는 무성 생식보다는 오히려 유성 생식에 가깝다고 하겠지만, 완전한 유성 생식도 아니다. 다만 겉모습

증식하여 대대손손 다스리라

이 유성 생식에 훨씬 가깝게 보일 뿐이다. 반면 바이러스는 성이라는 개념 자체가 없기 때문에 어느 편에도 넣을 수 없는데, 전반적으로는 수많은 포자를 한꺼번에 만드는 곰팡이의 증식 방법에 오히려 조금 더 가깝다고 할 수도 있다.

이처럼 미생물은 각 종류마다 나름의 증식 방법을 개척해 자신에게 가장 알맞은 형태로 살아가고 있다. 다양한 미생물의 삶은 알면 알수록 더욱 어렵고 복잡하며, 아는 것보다 모르는 것이 더 많다. 그렇더라도 미생물학 지식은 이전에 비해 더욱 풍부해졌으며 앞으로도 새로운 사실들이 더 많이 알려질 것이다. 과학과 지식의 발전에 힘입어 미생물의 세계로 통하는 비밀의 문이 조금씩 열리고 있다.

숨 쉬는
미생물

살아 있는 것들은 숨을 쉰다

살아 있는 모든 생명체는 숨을 쉰다. 이리저리 삶의 터전을 옮겨 다니는 동물은 물론이고, 한군데에 뿌리를 박고 평생을 그곳에 살면서 광합성으로 양분을 만들어 살아가는 식물까지 모두 숨을 쉰다. 전혀 숨 쉬는 것 같지 않은 물고기나 물풀도 자세히 보면 숨을 쉬고 있다. 어릴 적에는 어항 속 물고기가 눈을 껌뻑거리고 입을 오물거리며 아가미를 벌렁거리는 것을 보면서 먹이를 먹고 있는 줄로만 알았는데, 나중에야 물고기도 숨 쉰다는 것을 이해하게 되었다.

생명체가 숨을 쉬지 않으면 죽은 것이나 다름없다. 그렇다면 미생물은 어떠할까? 숨을 쉬기는 하는 것일까? 공부깨나 했다는 사람도 이런 갑작스러운 질문에 시원스레 대답하기가 쉽지 않다.

이러한 궁금증은 잠시 뒤로하고 가장 근본적인 문제로 돌아가, 숨을 쉰다는 것이 과연 무엇인지 따져 보자. 숨을 쉬는 것은 몸에 필요한 산소를 얻어 쓰고 남은 이산화탄소를 내뱉는 것이다. 분명 산소는 생명체가 살아가는 데 반드시 필요한 요소이므로, 생명체는 어떻게든 산소를 몸속으로 받아들이는 — 적극적으로 끌어들이는 — 기구를 발달시켰을 것이다. 가장 대표적인 예로는 호흡 기관인 허파가 있다. 그런가 하면 광합성을 하는 식물은 햇빛과 이산화탄소를 재료로 탄수화물 — 정확히는 포도당과 같은 당분 — 을 만들고 산소를 내놓는다. 식물은 들고나는 물질의 종류가 동물과는 정반대이지만, 숨을 쉬면서 생존에 필요한 성분을 공기 중에서 얻는다는 사실은 식물이나 동물이나 같다.

공기 중에는 산소가 약 5분의 1만큼 들어 있다. 동물이 이 산소를 들이마시면서 살아가는 것은 산소가 생명을 유지하는 데 필요하기 때문이다. 이는 즉 동물이 몸속으로 끌어들인 산소를 이용해 삶에 필요한 어떤 일을 한다는 것을 의미하는데, 그렇다면 산소가 몸속에서 하는 일이 무엇인지를 먼저 살펴보자.

산소가 몸속에서 하는 일

산소는 기본적으로 다른 물질과 결합하는 성질이 강하다. 그러므로 혼자 가만히 있지 않고 다른 물질들과 쉽게 반응하거나, 이들이 또 다른 일을 할 수 있도록 도와주는 역할을 많이 한다. 이처럼 산소가 다른 물질과 반응하는 것을 일컬어 산화 작용이라고 한다. 쉽게 말해 산화는 어떤 물질이 산소와 결합했음을 뜻하는데, 앞서 「거룩한 건국의 역사」에서도 나온 작용이다.

이처럼 산화력이 너무 강했기 때문인지 산소는 맨 처음 지구가 생겼을 때에는 공기 중에 존재하지도 않았다. 그러다 시간이 지나 원시 생명체가 광합성 작용을 하면서 산소를 만들기 시작했다. 이로써 산소는 대기 중에 조금씩 모이게 되었다. 결합력이 강한 산소는 다른 생물들의 몸속으로 들어가면 그곳의 내용물들과 쉽게 결합해 예기치 못한 피해를 주는 독성 물질로 작용하는 결과를 가져왔다. 산소를 받아들이지 못한 생물들은 치명적인 피해를 받아 사라졌지만, 어떤 생물들은 산소를 받아들일 수 있었다. 그 생물들이 살아남아 다음 세대로 이어지면서 보편적인 체계가 되었다.

아주 긴 시간에 걸쳐 생물들은 산소를 몸속으로 받아들이면서, 산소의 강한 결합력을 이용해 몸속에서 필요한 여러 반응을 할 수 있도록 체계를 갖추어 나갔다. 산소가 자신의 강한 결합력으로 몸속에서 특정한 물질과 반응하도록 유도함으로써 우리 몸은 산소를 필요한 곳으로 보냈다. 산소의 결합력을 이용한 생리 대사 작용 또한 호흡 작용과 마찬가지로 이러한 과정을 거치면서 긴 시간을 두고 완성된 체계라 할 수 있다.

그런데 만약 산소를 이용하지 않고도 살 수 있는 생물이 있다면 어떨까? 산소를 이용하지 않는 생명체도 살아 있다고 말할 수 있을까? 어쩌면 죽은 생물이 아닐까? 이런 우스꽝스러운 생각은 기우인지 모른다.

산소를 좋아하세요?

옛 속담에 '이가 없으면 잇몸이 대신한다.'라는 말이 있다. 잇몸은 결코 이를 대신할 수 없건마는, 다른 누군가가 부족하나마 필요한 일을 대신하는 것을 빗대어 하는 말이다. 앞에서 우리 몸은 산소의 결합력이나 산화력을 '이용'한다고 했다. 그렇다면 산소는 중간 단계에서 일하는 매개체 역할을 할 뿐이라 할 수도 있다. 생물의 생명 활동 가운데 ATP라는 반응 결과물이 가장 중요한 것이라면, 이 반응 결과물에 이르는 매개체 역할을 산소가 아니더라도 다른 물질이 할 수도 있지 않을까? 물론 그렇다면 몸속의 반응 체계 전체가 달라지는 것도 당연하다. 이 세상에는 우리가 아는 지식만으로 전부 설명할 수 없는 또 다른 세계가 존재할 수도 있다. 산소의 역할을 메탄이나 유황 등 다른 물질이 대신하는 경우도 있을 수 있다.

미생물은 크게 호기성(好氣性) 미생물과 혐기성(嫌氣性) 미생물 두 가지로 나뉜다. 호기성 미생물은 말 그대로 공기를 좋아하는 미생물이다. 공기 중에서 우리와 함께 살아가는 미생물을 말하는 것이다. 호기성 미생물이라면 공기 중에 살면서 다른 생물들과 마찬가지로 당연히 공기 중의 산소를 이용한다.

그렇다면 혐기성 미생물은 과연 어떤 종류를 말하는 것일까? 공기를 싫어한다는 뜻을 지닌 '혐기성'이라는 말에는 특히 산소를 기피한다는 의미가 담겨 있다. 다시 말해 공기 중의 산소를 받아들이지도, 이용하지도 않는다는 것이며 더 나아가 산소가 있으면 오히려 해를 입고 살지 못하는 경우도 있다는 말이다. 이처럼 산소가 있는 환경에서 아예 살지 못하는 혐기성 미생물은 엄격히 편성 혐기성(obligate anaerobic)이라 구분한다. 이에 비해 같은 혐기성 미생물이라도 산소가 있는 환경에서 그런대로 견디며 사는 종류가 있다. 이러한 미생물을 따로 통성 혐기성(facultative anaerobic)이라 구분한다.

이번에는 반대로 생각해 보자. 통성 혐기성 미생물은 공기가 있어야 살 수 있는 미생물이 어쩌다 공기가 없는 곳에서도 살 방법을 찾아낸 것이 아닐까? 동물도 물속에서 사는 종류가 있고 뭍에서만 사는 종류가 따로 있다. 그런데 그중에는 물과 뭍을 오가면서 사는 종류도 있다. 우리는 이들을 물뭍동물(양서류)이라고 부른다. 원래 물에서 살다가 뭍으로 올라왔으나 완전히 올라오지는 못한 것인지, 아니면 뭍에서 살다가 미처 물로 되돌아가지 못한 것인지 확인하기는 매우 어렵다. 통성 혐기성 미생물 또한 어떤 환경이 먼저였는지 정확히 알 수는 없다. 생명체가 지구에 처음 등장했을 때는 공기 중에 산소가 없었으니 혐기성 미생물이 먼저 등장했다고 본다면, 통성 혐기성 미생물은 원래 혐기성이던 미생물이 공기 중에 산소가 있는 환경에서도 살 방법을 찾아낸 것 같다.

동물의 몸속에는 공기가 들고나는 호흡 기관인 허파가 있다. 더불어서 음식물의 섭취부터 소화, 흡수, 배설에 이르기까지 소화 기관과 배설 기관에 해당하는 여러 장기가 있다. 소화 기관의 시작인 입은 외부 공기와의 접촉이 잦으므로 입에는 호기성 미생물이 산다. 그런데 입에서 이어지는 소화 기관인 식도와 위, 십이지장, 소장, 대장에는 공기가 들락거리지 않는다. 그렇다면 소화 기관을 비롯한 몸속은 혐기성 조건이 갖추어진 곳이라 할 수 있다. 우리가 알기로는 몸속 장기에 미생물이 살면서 숙주와 공생 관계를 유지한다고 한다. 그 대표적인 예가 대장에 사는 대장균과 젖산균이다. 그렇다면 이들은 혐기성 미생물일까?

대장균은 실험실에서 배양되어 여러 실험에 쓰이는 대표적인 실험 미생물이다. 대장균은 혐기성 조건이 갖추어지지 않았더라도 영양 배양액과 일정 온도를 유지하는 배양기 안에서 얼마든지 배양 가능하다. 마개를 하거나 뚜껑만 씌운 채 공기가 어느 정도 통하는 상태로 둔, 즉 완전한 혐기성 조건이 아닌 채로 둔 시험관이나 배양 접시(샬레 또는 페트리디시라고도 한다.)에서도 대장균이 배양되는 것을 보면 대장균은 통성 혐기성 미생물이다. 대장균만이 아니라 알코올 발효(釀酵, fermentation)를 하는 효모(酵母, *Saccharomyces cerevisiae*)도 통성 혐기성 미생물에 속한다. 다만 효모는 호기성 조건보다는 혐기성 조건에서 더 많은 양의 알코올을 만들어 내므로 술을 빚을 때는 혐기성 조건을 만들어 준다.

있어도 그만, 없어도 그만인 것

대장균이나 효모는 호기성 조건과 혐기성 조건 모두에서 살 수 있는 것으로 보아, 이들에게 산소의 유무가 삶의 필수 조건은 아니라는 것을 알 수 있다. 즉 이 미생물들은 산소가 있어야만 살고 산소가 없으면 무조건 죽는 것은 아니라는 뜻이다. 이처럼 산소가 절대적인 조건이 아니라면 산소가 있건 없건 아무 문제가 되지 않는다는 말도 된다. 아니, 있어도 그만이고 없어도 그만인 것처럼 편리한 것이 세상 어디에 있을까?

앞에서 말한 대로 생물은 고에너지를 갖는 ATP 분자를 얻기 위해 산소를 들이마신다. 그러므로 생물의 여러 반응은 결과적으로 ATP 분자를 얼마나 많이 만들어 내는가에 달려 있다. 미생물 또한 어떻게 하면 더 많은 ATP 분자를 만들어 낼 수 있을지가 관건이었을 것이다. 생물의 몸속에서 ATP 분자를 만드는 반응은 꼭 한 가지만 있는 것이 아니다. 그렇지만 가장 효율적인, 즉 ATP 분자를 가장 많이 만드는 반응은 산소를 이용하는 것이다. 만약 몸속에 산소가 부족하다면

숨쉬는 미생물

산소 없이도 ATP 분자를 만드는 반응을 끌어오지만, 아쉽게도 이는 산소를 이용하는 반응에 비해 효율이 크게 떨어지므로 보통 때는 쓰이지 않는다. 쉽게 말해서 생물이 호기적인 환경에서는 ATP 분자를 많이 만들 수 있는 방법을 이용하지만, 몸속에 산소가 부족할 때에는 급한 대로 다른 반응을 이용하는데 ATP 분자의 생성 효율은 떨어질 수밖에 없다는 말이다. 산소가 전혀 없을 때에는 효율이 떨어지는 다른 반응이라도 써서 ATP 분자를 생성해야 한다는 말이기도 하다.

동물이나 식물은 이미 산소가 공기 중에 일정한 양으로 유지되는 시기에 생겨난 생물이다. 따라서 산소를 받아들이는 기구까지 몸속에 만들어 산소를 이용하는 적극적인 반응 체계를 마련했다고 할 수 있다. 이에 비해 미생물은 공기 중에 산소가 없던 때부터 지금까지 살아 왔기에, 산소를 이용하지 않는 반응 체계뿐만 아니라 산소를 이용하는 반응 체계를 마련했는지도 모른다. 모든 미생물은 아니더라도 일부는 산소가 없던 시절에 이용하던 반응을 지금까지 유지했을 터이고, 다른 일부는 산소를 이용하지 않는 반응을 남겨 두었다가 산소가 적은 힘든 시기에 끄집어내어 이용하는지도 모르겠다. 그러나 많은 종류는 산소를 이용하는 반응의 ATP 분자 생성 효율이 높다는 것을 알고 반응 체계를 아예 새로운 방법으로 바꾸어 버린 것이라고 생각할 수 있다.

이와 같이 ATP 분자를 만들어 내는 반응 체계를 비교해 보면 호기성 미생물과 혐기성 미생물의 구분을 더욱 잘 이해할 수 있다. 미생물은 생물처럼 호흡 기관을 발달시키지 않고도 산소가 있으면 있는 대로, 없으면 없는 대로 그에 맞는 방법을 알맞게 적용한 것이다. 그러다 보니 미생물 중에는 아주 오래전부터 익숙하게 써 온 방법을 지금까지 고집하는 것도 있고, 이전에 쓰던 방법도 내버리지 않고 갖고 있다가 형편이 어려우면 꺼내 쓰는 유연함을 보이는 것도 있으며, 발 빠르게 효율이 좋은 방법을 갖추어 열심히 사는 것도 있는 것 같다.

숨쉬는 미생물

공생과
기생

흔적으로 드러나는 미생물

비록 우리 눈에 보이지 않는 미생물이지만 이들도 여러 일을 하면서 산다. 또한 미생물이 일을 하면서는 흔적을 남기기 마련이다. 물론 미생물 개체 하나가 혼자서 일한다면 아무 흔적도 남길 수 없겠지만, 많은 미생물이 한데 뭉쳐서 일한다면 그 흔적이 드러날 것이다. 이 흔적만을 보고도 우리는 어떤 미생물이 살고 있는지를 알아본다. 이를테면 장마철 지하실 벽에 거무스름하게 진 얼룩을 보고 곰팡이가 피었다는 사실을 알 수 있다. 그런가 하면 겨우내 땅속에 묻어 놓은 김장 김치는 차츰 익어 가다가 따뜻한 봄이 오면 결국은 시어지기까지 한다. 마당 한구석에 마련해 둔 두엄 더미 속 지푸라기도 시간이 흐르면 부스러져 좋은 거름으로 변한다.

이 모든 것이 미생물이 남긴 흔적이다. 미생물이 어떤 일을 하면서 지내는지 하나하나 살펴보는 일은 그리 간단하지 않지만, 흔적을 살펴보는 일은 크게 어렵지 않다. 미생물은 자신이 일한 결과이자 흔적으로써 제 존재를 우리에게 보여 준다.

이로운가, 해로운가

미생물은 어떤 일을 하느냐에 따라 우리에게 도움을 주기도, 해를 끼치기도 한다. 우리는 우리에게 도움을 주는 일을 하는 미생물을 '이로운 미생물'이라 부르고, 해를 끼치는 결과를 만드는 미생물을 '해로운 미생물'이라고 간단히 구분해 버린다. 우리 생활에 도움을 주는 미생물에는 여러 종류가 있겠지만, 그 가운데에서도 유산균이나 효모, 또는 뿌리혹세균과 같은 발효 미생물이나 공생 미생물이 잘 알려져 있다. 반면 해로운 미생물로 알려진 것에는 무엇보다도 우리 몸에 병을 일으키는 병원 미생물, 유기물을 분해시켜 다른 물질로 변화시키는 부패 미생물을 꼽을 수 있다. (발효 미생물과 공생 미생물, 병원 미생물과 부패 미생물은 간단히 발효균과 공생균, 병원균과 부패균이라고도 줄여 부른다.)

그렇지만 부패 미생물처럼 우리에게 해로운 미생물이라 하더라도 알고 보면 우리 생활에 없어서는 안 될 중요한 물질을 만들어 주기도 해서, 한쪽만 보고 해로운 미생물이라 성급하게 단정해 버려서는 안 되는 경우도 있다. 그렇지만 일단은 우리와 함께 사는 미생물이 과연 우리에게 도움을 주는 것이냐 아니면 해로움을 주는 것이냐에 어쩔 수 없이 관심이 쏠리기 마련이다.

그래서 미생물이 보여 주는 삶의 흔적을 보고 어떤 미생물이 어떤 일을 했는지 살펴볼 필요가 있다. 물론 우리 주변에 사는 수많은 종류의 미생물 하나하나가 무엇을 하는지 낱낱이 살펴보기는 어렵다. 우리에게 해로움을 주는 미생물인지, 아니면 이로움을 주는 미생물인지 큰 범주를 정해서 대략적으로 살펴본 다음, 특별한 기능이나 역할을 하는 중요한 미생물에 대해서는 자세히 살펴보는 것이 효과적이다.

생물은 몇 가지 중요한 성질에 따라 구분될 때가 있다. 동물과 식물, 미생물로 구분하기도 하지만, 예를 들어 이들의 역할에 따라서 소비자와 생산자, 분해자로 구분하기도 한다. 즉 광합성을 통해 에너지를 축적한다는 특징을 지닌 녹색 식물과, 이를 이용하는 1차 소비자인 초식 동물, 그리고 다시 초식 동물을 먹이로 하는 육식 동물 등으로 나누는 것이다. 이 흐름을 먹이 사슬(food chain)이라고 한다. 동물과 식물이 자기가 맡은 역할을 다하고 자연스레 생을 마감하는데, 이 단계에서는 미생물이 앞장서서 유기 물질을 분해해 에너지를 생산하는 데 필요한 원료로 재생산한다. 따라서 생물의 역할만 보지 않고 미생물의 역할까지도 포함해서 에너지 생산과 소비, 그리고 분해 작용이 함께 담긴 먹이 그물(food web)이라는 표현이 더 적절할 것이다. 먹이 그물이라는 말은 우리 생활은 물론이고 자연에서 일어나는 에너지의 흐름을 더 잘 드러낸다.

우리는 대부분 우리 자신을 중심에 놓고 세상의 모든 일을 생각한다. 그렇지만 조금만 마음을 터놓고 상대의 입장에서 생각해 보면 동물이나 식물, 미생물이 제각기 다른 역할을 나름대로 하고 있다. 그렇기 때문에 우리는 다른 모든 생명체와 함께 이 세상에 발붙이고 살 수 있는 것이다. 우리 자신만이 홀로, 아니면 우리와 같은 종류만이 똘똘 뭉쳐 사는 것으로 언뜻 생각하기 쉽지만, 조금만 따져 보아도 다른 생물의 삶이 있기에 내 삶이 유지되는 것임을 깨닫는다. 이를 한마디로 공생이라고 한다. 다시 말해 이 세상에는 맡은 바를 충실히 해 나가는 생물들이 어울려 서로 도와 가며 살고 있다.

생물들이 맺는 다양한 관계

생물들은 어떤 모습으로든 서로 도움을 주고받는 등 좋든 싫든 이런저런 관계를 맺고 있다. 이처럼 서로 관계를 맺으며 함께 살아가는 삶의 모습을 공생(共生, symbiosis)이라고 한다. 그래도 함께 사는 생물이니 이왕에 서로 이익이 되는 좋은 관계를 맺고자 한다. 이처럼 서로에게 도움이 되는 공생 관계를 우리는 상리 공생(相利共生, mutualism)이라 부른다. 반면 서로에게 이익이 되는 공생처럼 보여도 실상은 한쪽이 더 많은 이익을 얻는 반면 다른 한쪽은 별다른 이익을 보지 못하는 경우도 있을 텐데, 이를 편리 공생(片利共生, commensalism)이라고 한다. 생물이 함께 살면서 모두 똑같은 이익을 나누어 가지는 경우는 그리 흔하지 않다. 그보다는 편리 공생을 찾아보기가 훨씬 더 쉽다.

한쪽이 이익을 보는 반면 상대방은 피해를 보는 때도 상황에 따라서는 있을 것이다. 인간 사회에서도 모두가 함께 잘 살면 — 다시 말해 이익을 얻으면 — 좋겠지만, 어느 한쪽의 이익이 커지는 만큼 다른 한쪽의 이익이 줄어드는 모습을 많이 볼 수 있다. 이러한 불균형이 더 심각해져서 아예 한쪽이 큰 피해를 받는 경우도 생기는데, 이 경우를 기생(寄生, parasitism)이라 부른다. 기생은 공생과는 거리가 있는 것도 같지만, 어쩔 수 없이 함께 살아야 한다는 점에서 공생의 일종으로 본다. 실제로 전문가들도 기생은 공생의 한 모양이라고 말하기를 주저하지 않는다.

기생의 대표적인 사례로는 기생충을 꼽을 것이다. 기생충에게 해명해 보라 하면 '자신은 기생하게끔 태어났으니 어쩔 수 없이 기생 생활을 할 수밖에 없다.'라고 답할 것이다. 어쨌든 살아 있는 모든 동물은 삶에 필요한 양분을 스스로 만들 수 없어 식물에 의존해야 하니, 모든 동물의 삶은 기생이라는 범주를 벗어나지 못한다고 말해도 그리 틀리지는 않는다. 언뜻 보아도 식물은 동물에게 모든 것을 빼앗기는 것처럼 보인다. 그렇지만 식물도 먹이를 찾아 이리저리 돌아다니는 동물들을 통해 씨앗을 퍼뜨린다. 생물들의 이러한 모습을 살펴본다면 아마도 모든 생물이 공생이라는 삶의 테두리 안에서 함께 모여 사는 것이라고 보아도 전혀 틀리지만은 않은 것 같다.

함께 사는 미생물

미생물의 세계도 따지고 보면 생물의 세계와 마찬가지로 공생이라는 삶의 테두리 안에서 함께 사는 것이다. 미생물도 동물처럼 스스로 에너지를 만드는 광합성을 하지 못하므로 어쩔 수 없이 동물이나 식물에 의존하며 사는 기생 생활을 해야만 한다. 대표적인 기생 미생물로는 버섯을 꼽을 수 있다. 비록 생김새는 식물처럼 보이기는 하지만 엽록체가 없는 버섯은 여러 가지 색깔을 지닌다. 버섯은 햇빛이 잘 들지 않고 습기가 많은 숲속에서 식물체를 분해하면서 살고 있다. 그러기에 대표적인 기생 생물이자 다른 한편으로는 숲속의 분해자라는 별명도 함께 듣고 있다.

생물과 함께 살아가는 미생물의 삶까지 눈여겨 살펴보면 참으로 다양한 모습이 있음을 알게 된다. 동물과 동물 사이에서, 식물과 식물 사이에서는 물론이고 동물과 식물 사이에서까지 아주 다양한 공생 관계를 찾아볼 수 있다. 앞에서 언급한 세 가지 외에도 약한 것을 잡아먹는 포식(predation), 서로가 크게 관심 없어 보이는 중립

(neutralism), 상대를 억눌러 긴장하게 만듦으로써 못 살게 하는 억제 (suppression), 상대를 적극적으로 구속해 스스로 물러나게 만드는 길항(antagonism), 그리고 산술적으로 합산했을 때 나오는 것보다 더 큰 효과를 내는 상승(synergism)이라는 특별한 관계까지 여러 종류의 공생 관계가 있다. 생물끼리만이 아니라 생물과 미생물 사이에서도 얼마든지 공생 관계를 찾아볼 수 있다.

우리는 미생물을 병원균이나 부패균으로, 혹은 발효균이나 공생균으로 마음대로 구분한다. 그러나 이제까지 우리가 살펴본 공생 관계를 곱씹어 보면, 어느 미생물이 이롭고 어느 미생물이 해로운지를 뚜렷하게 구분하기가 쉽지 않다. 부패균이라 하더라도 쓰레기를 분해하는 역할을 한다면 당연히 우리에게 이로운 결과를 가져올 것이다. 병원균이라 하더라도 우리에게 해로운 동물이나 식물에 반응해 이들을 제거하는 역할을 한다면 결과적으로 우리에게 도움을 줄 것이다. 더욱이 우리가 생활에서 마주치는 미생물 모두를 병원균이라 할 수 없다. 대다수는 우리 생활에 없어서는 안 될 중요한 일을 해 주는 것들이며, 아주 작은 일부만 병원균으로 활동할 뿐이다. 그러므로 우리는 눈에 보이는 손익만을 따져서 섣불리 단정하지 않고, 주변을 유심히 살펴보고 더 깊이 생각할 수 있는 신중한 태도를 지녀야 할 것이다.

미생물의
의식주를 찾아서

미생물의 식(食), 양분

인간이 살아가는 데에 꼭 필요한 조건을 꼽아 보자면 무엇보다도 의식주(衣食住)가 있다. 인간은 가장 먼저 밥을 먹어야 힘을 내고, 옷을 입어야 추위와 더위를 이겨 내며, 마지막으로 집을 마련해야 일하고 나서 편히 쉴 수 있다. 밥과 옷, 집이 갖추어질 때 비로소 생활의 기틀을 마련했다고 할 수 있다.

미생물도 생물이기에 인간과 마찬가지로 생존에 필요한 조건이 있을 것이다. 그중에서 가장 우선시되는 것은 바로 음식이다. 인간이 식량을 구하는 것처럼 미생물도 가장 먼저 먹이를 확보해야 한다. 미생물은 먹이를 먹고 소화시켜 에너지를 얻고, 이 에너지를 바탕으로 다시 부지런히 움직여서 먹이를 얻고 살아남는다. 또한 몸집을 키우고 자신을 닮은 후손도 만들어 숫자를 늘려 나간다. 우리 눈에는 그저 그렇게 평생 먹이만 찾아 헤매는 것처럼 보이는 미생물의 생활이 지극히 단순해 보이기도 한다.

미생물의 움직임은 당연히 미생물이 살아 있다는 증거이기는 하지만, 이들이 그저 아무런 뜻도 없이 이리저리 돌아다니거나 의미 없는 움직임을 반복하는 것은 결코 아니다. 생명체의 움직임은 자그마한 것이라도 하나같이 그 속에 특별한 의미가 깃들어 있다. 미생물이 꿈틀거리는 것도 아무런 의미 없는 반복 운동이 아니라 어떻게 해서든지 먹이를 찾으려는 몸부림인 것이다. 이러한 운동을 가리켜 화학주성(chemotaxis)이라고 한다. 먹이에서 우러나오는 화학 물질을 향해 앞으로 나아가는 미생물의 운동을 양성(positive)이라고 한다면, 이와 상반되는 운동은 음성(negative)이라고 할 수 있다. 미생물이 먹이를 찾는 것은 양성의 화학 주성을 보이는 경우가 많다. 그런가 하면 많은 미생물이 독성 물질을 피해 가려는 음성의 화학 주성을 보이면서 자연스럽게 양분을 얻을 기회를 잡는다는 흥미로운 사실을 학자들이 밝혀내기도 했다.

미생물의 의(衣), 수소 이온 농도

먹이 다음으로 미생물에 중요한 것은 당연히 옷과 집에 해당하는 조건을 마련하는 일이다. 미생물의 입장에서는 옷이나 집은 아예 생각조차 할 수 없다. 미생물은 동물처럼 털가죽이 있지도 않고 식물처럼 껍질에 싸여 있지도 않다. 미생물은 특별한 껍질이 없으므로 외부 환경에 그대로 맞닿아 있어 주위 환경에 직접적인 영향을 받을 수밖에 없다. 미생물의 주위 환경으로는 몇 가지를 꼽을 수 있겠지만, 딱딱한 고체 속에서는 자유롭게 살 수 없다. 그렇다면 미생물이 비교적 자유롭게 움직이며 살 수 있는 상태로 액체와 기체를 생각할 수 있다.

그런데 한 가지 생각해 볼 점은 미생물의 먹이가 있는 곳이어야 미생물이 살 수 있다는 것이다. 그렇다면 아무래도 기체보다는 액체 속에 사는 것이 더 그럴듯하게 여겨진다. 액체 속에는 여러 가지 물질이 녹아 있기 때문에 먹이를 비교적 많이 포함할 것이다. 더 나아가 액체 속에서는 미생물이 그리 큰 힘을 들이지 않고도 더욱 활발히 움직일 수 있다. 실제로도 액체 속에서는 훨씬 더 많은 종류의 미생물이 살고 있다. 이때 미생물의 세포막은 외부와 직접 맞닿아 있으면서 액체와 직접 접촉한다. 그러므로 미생물에게는 세포막이 사람들의 옷에 해당한다고 할 수 있다.

그렇다면 미생물의 세포막과 맞닿은 액체가 어떤 성질을 띠는지에 따라 미생물이 편히 살 수 있는가, 그렇지 않은가가 결정될 것이다. 생물이 살고 있는 주위 환경의 액체는 대부분 물이다. 그런데 물이 알칼리성인가, 산성인가, 아니면 중성인가에 따라 물의 성질이 다르다. 미생물은 대부분 산성과 알칼리성에는 민감하게 반응하고 중성에서는 여유 있는 생활을 한다. 그렇기 때문에 미생물은 바깥 환경인 액체의 pH에 세포막이 민감하게 영향을 받으며 살 수밖에 없다.

미생물의 주(住), 온도

옛날부터 사람들은 시원한 바람이 막히는 곳 없이 불어와 공기가 깨끗하고 하루 종일 햇빛이 따사롭게 비치는 곳을 살기 좋다고 생각했다. 그러다 보니 자연스럽게 남쪽을 향해 집을 짓고 동쪽을 향해 대문을 세우며, 방문과 창문은 되도록 크게 만들어 햇빛이 더 많이 들어오도록 꾸몄다. 지금도 사람들은 햇빛이 많이 비치는 양지바른 언덕 위에 집을 짓고 산다.

우리에게 음식과 옷 외에도 비바람을 막아 줄 집이 필요하듯이, 미생물에게도 에너지를 얻을 먹이 외에 자신을 포근히 감싸 주고 편안히 쉴 수 있는 넓은 공간이 필요하다. 사람에게 필요한 조건인 집에 대응하는 미생물 생존의 조건을 꼽아 보자면 그것은 아마도 온도일 것이다. 미생물의 주변을 감싸는 조건인 온도는 사람 몸에 꼭 들어맞는 옷보다는 넉넉한 공간을 마련해 주는 집에 더 가깝다. 미생물이 편안히 살기 위해서는 분명히 적당한 온도가 필요하다. 뜨겁다고 할 만큼 높은 온도도 아니고 그렇다고 차갑다고 할 만한 낮은 온도도 아닌 적당한 온도에서 잘 자라는 미생물 종류는 대단히 많다.

미생물은 양지바른 곳보다 조금은 어둡고 습기가 많은 곳을 더 좋아한다. 그래서인지 많은 종류의 미생물이 지하실이나 하수구처럼 어둡고 축축한 곳에 자리를 잡고, 지하 주차장이나 지하 상가에도 많이 모여 산다. 건물의 가장 아래에 위치한 지하실은 일반적으로 어둡고 무섭기 마련이다. 금방이라도 쥐나 벌레가 튀어나올 것만 같고, 고약한 냄새가 풍기는 것만 같다. 공기 흐름이 좋고 기온이 그리 높지 않은 봄이나 가을에는 지하실 벽이 건조해 곰팡이가 눈에 띄지 않는다. 그러다 습도가 높은 장마철이나 기온이 높은 한여름에는 지하실 벽에 스멀스멀 곰팡이가 피어오른다. 햇빛도 안 들고 습기도 많은 지하실에서는 도배를 하느라 붓으로 풀칠한 삶의 흔적을 따라 편 곰팡이를 볼 수 있다. 여름 장마철에 벽에 많이 피어오른 곰팡이 중에는 독소를 분비하는 종류도 있기에, 지하실에서 살아가는 사람들에게 피해를 주기도 한다.

미생물 생존의 조건, 인간 생존의 조건

그렇다면 미생물에게 필요한 의식주는 각각 pH, 양분, 온도이다. 이 세 가지 조건이야말로 미생물이 살아가는 데 갖추어져야 할 가장 중요한 요소이다. 그런데 이 조건들은 독립적으로 작용하지 않으며 모든 조건이 한데 어울려 종합적으로 작용하는 것이 일반적이다. 인류의 고대 문명 발상지를 살펴보더라도 식량과 의복, 주거 조건 가운데 어느 것 하나 부족하지 않았다. 물고기를 잡기 쉽고 들판에서 농사를 짓기 쉬울 뿐만 아니라 집을 지을 터와 재료가 부족하지 않고, 더 나아가 옷을 지어 입을 재료를 확보하기 쉬운 지역이었던 강 유역에 인류가 함께 모여 살고 문명이 발달할 수 있었다.

미생물이 살기 위한 조건을 찾아 자리를 잡은 곳은 인간이 자리 잡은 곳과 크게 다르지 않다. 미생물의 생존에 가장 필요한 먹이는 사람들이 먹고 사는 음식에서 구하면 될 것이고, 사람들이 사는 환경 조건이라면 온도는 물론이고 pH라는 조건도 크게 문제가 되지는 않을 것이다. 즉 사람이 살 수 있는 환경 조건이라면 어디든지 미생물이 살 수 있는 조건도 갖추어졌다고 보아도 괜찮다. 사람들이 먹고자 마련해 놓은 음식이 알맞은 정도로 식으면 미생물에게는 훌륭한 삶의 터전이 되며, 더 나아가 사람의 몸 안으로 들어가기라도 한다면 미생물에게는 더욱 안락한 삶의 장소가 될 것이다. 생물들이 살 수 있는 조건은 어느 한 가지에 치우치지 않고 모두 한데 어울려 모여 있다. 따라서 인간과 미생물이 모두 같은 곳에 사는 것은 지극히 당연한 일이다.

미생물만이 아니라 인간이 살기에 좋은 환경은 비교적 넓고 온화한 기운이 감도는 쾌적한 곳이다. 그런데 쾌적한 상태가 잘 갖추어진 곳이라 하더라도 너무 많은 사람들이 한데 모여 살면 주위 환경은 점점 비위생적으로 바뀌기 마련이다. 사람들이 너무 많이 모여 복작대는 곳에서는 누구나 쉽게 답답함을 느낀다. 시원한 공기가 넉넉히 공급되지 않으므로 먼지뿐만 아니라 미생물까지도 더 많아져서 공기 중에 돌아다니는 것은 당연한 현상이다. 그러다 보면 병원 미생물도 우리 몸에 알게 모르게 흘러들어 경우에 따라서는 사람들에게 위험을 가져다주기도 한다. 감기나 독감처럼 호흡기를 감염시키는 질병은 이처럼 많은 사람들과 접촉하는 가운데 전염되는 경우가 많다. 그러므로 위험한 전염병이 돌 때에는 되도록 바깥나들이를 삼가는 것이 좋다. 집에 돌아와 먼저 손을 깨끗이 씻고 양치하는 것은 병원 미생물을 제거하기 위한 가장 손쉬운 방법이다.

건강을 지키려는 자, 미생물의 의식주를 잡아라

미생물에게도 살기 위해 필요한 조건이 있다는 점을 이해한다면, 우리는 미생물이 잘 살도록 도와줄 수도 있고 반대로 못 살게 막아 버릴 수도 있다. 미생물의 생리를 연구함으로써 미생물에게 필요한 조건을 조금이나마 알게 되었기 때문이다. 대표적인 예로 우리에게 도움을 주는 발효 미생물이나 분해 미생물에게 더욱 쾌적한 조건을 제공해 그들의 활동을 촉진함으로써 그들에게 미생물 대사 산물을 얻고 활용할 수 있다. 그런가 하면 이와 반대되는 경우도 생각해 볼 수 있다. 우리에게 해를 끼치는 병원 미생물이 더는 살지 못하도록 환경을 조성해 이들의 증식을 막는 방법을 찾는 것이다. 또한 주변을 깨끗이 유지하고 관리해 양분이나 pH, 또는 온도를 바꿈으로써, 미생물이 사는 데 필요한 조건을 제거하고 병원 미생물이 더 증식하지 못하게 한다.

한편 하루의 대부분을 지하 상가나 지하 공간에서 일하는 사람들 또한 알게 모르게 미생물에 심각한 피해를 받을 수도 있다. 오래도록 지하에서 일하는 사람들에게도 지상과 비슷한 근무 조건을 만들어 주어야 한다. 환기 장치를 충분히 갖추어서 맑고 신선한 공기를 충분히 불어넣어 주는 것은 물론이고, 밝은 조명을 비추어 주어야 하며, 지하 공간의 미생물 서식 상태를 정기적으로 점검해 필요할 때마다 제거해 주어야 한다. 공기가 충분히 순환하지 않는 지하 공간에는 어쩔 수 없이 먼지가 쌓이게 되고 먼지와 함께 미생물, 진드기, 바퀴벌레, 모기 따위의 곤충까지도 많아진다. 그러므로 지하 공간에서 오래도록 머무는 사람들은 주위 환경을 깨끗이 하면서 자신의 건강을 돌보는 데에 부족함이 없도록 각별히 노력을 기울여야 한다. 이처럼 미생물이 원하는 삶의 조건을 바꾸는 일에는 우리가 더 건강한 모습으로 살고자 하는 뜻이 있다.

2부

손끝보다 미세한
맛의 비결

발효 음식의
왕국

지도 교수의 두 가지 당부

미생물 이야기를 하려 할 때마다 지도 교수의 당부가 생각난다. 박사 후 과정까지 마치고 귀국 준비를 하느라 한창 바쁠 때였다. 하루는 지도 교수가 나를 연구실로 조용히 부르더니 일은 잘 마무리하고 있느냐고 묻고는 딱 두 가지를 당부했다. 하나는 귀국하더라도 5년 동안은 독일의 'ㄷ' 자도 말하지 말라는 당부였다. 영문도 몰랐지만 그 말에 따르겠노라고 대답했는데, 그런 내가 아무래도 미심쩍었는지 다시한번 당부하면서 오래전 미국 유학을 마치고 귀국했을 때 겪은 지도 교수 자신의 경험에서 하는 말임을 덧붙였다. 이미 30년이 넘은 오래전 이야기이고 당시 나는 귀국 준비에 여념이 없었으니 그의 당부를 제대로 이해하지는 못했다. 다만 귀국 후에 홀로서기를 잘 하라는 당부로 이해했고, 이를 항상 마음에 새기며 따르려 했다.

지도 교수의 두 번째 당부는 한국은 발효 음식이 잘 발달했으니 발효 미생물에 관심을 갖고 연구에도 참고해 보라는 것이었다. 아주 진지한 당부였으므로 당시에는 노력하겠다는 대답밖에 할 수 없었다. 내 전공 분야는 미생물 가운데에서도 바이러스에 관한 것이었으니 누가 보더라도 발효 미생물은 나와 거리가 있었다. 이번에도 미심쩍어하는 내 얼굴을 보며, 한국은 '발효 음식의 왕국'이니 이 장점을 바탕으로 미생물학의 발전을 이룰 수 있으리라는 뜻이라고 덧붙여 설명해 주었다. 당시에는 지도 교수의 당부이니 그러겠노라 대답했는데, 귀국 이후부터 지금까지 매일매일 마주치는 발효 음식은 미생물에 대한 생각을 잠시도 떨칠 수 없게 했다. 자신의 직업을 속일 수 없다고 말한다. 나 역시 직업을 속일 수 없어서인지 미생물을 바탕으로 하는 생각은 잠시도 나를 떠나지 않는다.

발효 음식의 정체를 밝혀라

발효 음식은 과연 어떤 것인가? 발효 음식은 한마디로 곰팡이나 세균, 효모 등 여러 유용한 미생물이 유기물을 분해해 새로운 성분을 만들어 내는 발효 과정을 거쳐 만든 모든 식품을 일컫는 말이다. 그러므로 발효 음식은 어떤 종류의 발효 미생물이 어떤 종류의 식재료에 작용하는가에 따라 종류가 다양하다. 더욱이 발효 과정을 거치면 이전에 없던 새로운 성분이 생기면서 영양가는 물론이고 저장성과 기호성(선호도) 또한 높아지는 장점이 있다. 또한 알코올 발효는 물론이고 초산 발효와 젖산 발효, 여러 종류의 아미노산 발효 등 발효 과정의 방식에 따라 만들어지는 물질이 다르다. 이들 모두 독특한 맛과 향을 지닌 여러 종류의 발효 음식이 될 수 있다.

발효 음식의 종류는 크게 어떤 재료를 이용하느냐에 따라 나뉜다. 재료는 식물성 재료와 동물성 재료로 나뉘며, 생산지에 따라서 농산물과 수산물, 축산물, 임산물 등으로 구분할 수 있다. 유용한 미생물 발효를 통해 각각의 재료를 우리가 쉽게 소화할 수 있는 상태로 바꾼 것이 바로 발효 음식이다. 한편 미생물 발효를 통해 만들어진 여러 유기산은 발효 음식의 맛을 좋게 할 뿐만 아니라, 우리 몸속의 장내 미생물 분포를 고르게 유지하고 유해 미생물의 증식을 억제함으로써 우리 건강을 지켜 주는 유익한 역할도 한다.

어디 그뿐인가? 발효 음식의 큰 장점이라고 한다면 바로 저장성이다. 오래전부터 농사를 짓기 시작한 우리나라에서는 여러 생산물을 오랫동안 저장하는 방법으로 발효 음식을 발전시켰다. 대표적인 농산물인 곡류를 발효시켜 만든 장 같은 발효 음식은 여러 해를 두고 먹을 수 있는 방법으로 우리가 찾아낸 것이다. 오래도록 보관하기 어려운 푸성귀는 옛날부터 김치와 절임으로 만들어서 긴 겨울 동안 저장해 먹을 수 있는 발효 음식으로 바꾸었다. 마찬가지로 오랫동안 저장하기 어려운 물고기나 조개도 소금에 절여 젓갈로 만들면 긴 시간 동안 저장하며 먹을 수 있었다. 그 외에도 열매나 과일은 물론이고, 고기까지 절이고 말리고 담그는 등의 방법으로 또 다른 발효 음식을 만들어 왔다.

수많은 발효 음식을 만드는 대표적인 발효 미생물로는 효모와 유산균을 꼽을 수 있는데, 효모를 이용한 발효 음식에는 당연히 모든 종류의 술이 포함된다. 막걸리, 맥주, 포도주, 과실주 등의 발효주와 위스키, 브랜디, 소주 등의 증류주는 모두 효모를 이용한다. 빵을 부풀리는 것도 효모의 작용이다. 그 외에 곰팡이를 이용한 발효 음식으로는 감주와 된장, 템페, 가쓰오부시 등이 있는데, 이들은 서로 다른 곰팡이를 이용한다. 그런가 하면 세균을 이용한 발효 음식도 있다. 청국장(낫토)은 낫토균을, 치즈나 요구르트, 절임류는 서로 다른 유산균을 이용한다. 둘 이상의 발효 미생물을 함께 이용하는 발효 음식도 있는데, 청주나 소주, 치즈 등을 꼽을 수 있다. 청주는 국균과 청주 효모가, 소주는 유산균과 소주국균이, 치즈는 유산균 이외에 소주 효모나 페니실린 등이 함께 작용한 경우이다.

우리가 찾아낸 생활의 지혜

발효 음식의 왕국이라 불릴 정도인 우리나라에서는 과연 어떤 종류의 발효 음식을 오래전부터 만들어 왔는지를 살펴보는 일 또한 의의가 있다. 동아시아에 자리한 우리나라는 오래전부터 농경 문화가 발달했기 때문에 발효 음식 또한 당연히 농산물을 이용한 것이 식생활의 주축을 이루었다. 농산물 가운데에서 곡식과 콩을 원료로 만든 장류는 우리나라의 대표적인 전통 발효 음식이다. 간장, 된장, 고추장, 청국장을 비롯한 장류 외에도 여러 채소를 이용한 김치류와 절임류 또한 당연히 농산물을 이용한 발효 음식이다. 이외에도 수산물을 재료로 한 젓갈류는 물론이고 우리 생활에서 빠질 수 없는 주류와 식초에 이르기까지, 우리는 전통적으로 많은 발효 음식을 발달시켰다.

우리나라에서 누구나 집에서 어렵지 않게 담가 먹는 음식으로 매실청이 있다. 우리나라에서 가장 먼저 봄소식을 전하는 꽃 중 하나인 매화가 열매를 맺어 자란 것이 매실이다. 깨끗한 매실과 설탕의 무게를 1 대 1로 큰 통에 섞어 넣고 서너 달을 놓아두면 매실에서 빠져나온 수분이 설탕을 녹여 액체를 만드는데, 이를 거른 것이 매실청이다. 제조법에서 알 수 있듯이 매실청은 절반 이상이 설탕이므로, 매실청은 꿀에서처럼 미생물이 자랄 수 없는 환경 조건을 갖추며 실온에 두어도 크게 상할 염려가 없다. 매실청을 따르고 남은 매실은 미라처럼 쪼글쪼글하지만 당분 함량이 높아 잘 상하지 않고 장아찌처럼 먹을 수도 있다. 매실청과는 달리 설탕을 매실 무게의 절반만큼만 넣고 같은 방법으로 놓아두어도 액체가 나오는데, 이것은 매실청에 비해 당도가 낮으므로 매실 발효액이라 따로 부른다. 매실 발효액은 당도가 낮아 미생물에 의한 발효가 가능하고, 온도가 높은 곳에 보관하면 초산 발효가 일어나 맛이 시어질 수 있다. 따라서 매실 발효액은 냉장고에 넣어 보관하고, 거르고 남은 매실은 뭉글뭉글하므로 단단한 씨를 빼고 열을 가해서 잼으로 만들어 먹을 수도 있다.

매실청이나 매실 발효액은 효소라고 부르기도 한다. 그러나 효소는 몸속에서 일어나는 대사 과정을 도와주는 단백질 성분의 생리 활성 물질을 가리키므로, 매실액을 효소라 부르는 것은 분명 잘못이다. 오래전부터 사람들은 집에서 매실청을 만들어 놓고 음식에 양념으로 넣거나 배탈이 났을 때 상비약처럼 먹었다. 매실액에 특별한 효능이 있다는 것을 알고 매실 효소라 불렀는지 모르겠지만, 이는 올바르지 않으며 혼란을 일으킬 수도 있다.

발효액은 꼭 설탕이 아니더라도 소금이나 식초로도 만들 수 있으며, 매실만 아니라 다른 열매, 연한 나뭇잎이나 풀잎으로도 얼마든지 만들 수 있다. 발효 미생물이 자리 잡고 살 수 있는 정도로 용질의 농도만 맞추어 주면 발효액을 만들 수 있다. 이는 우리가 찾아낸 생활의 지혜이다.

발효 음식으로 만나는 우리와 서양의 밥상

한편 서양의 대표적인 발효 음식으로는 유제품과 빵, 고기를 꼽을 수 있다. 채소를 많이 먹은 우리나라에서 농산물을 이용한 발효 음식이 주로 발달한 것처럼, 고기를 많이 먹은 서양에서는 당연히 가축의 젖과 고기를 이용한 발효 음식이 발달한 것이다. 하지만 우리나라와 서양의 구분이 무색할 정도로 세계화된 요즈음에는 서양의 발효 음식 또한 마치 오래전부터 있어 온 양 우리 생활에 들어와 있다. 우리의 음식 문화에 다른 나라의 음식이 꽤나 많이 섞이는 경향을 보이기도 한다.

서양의 대표적인 발효 음식으로는 치즈와 요구르트, 햄과 소시지를 꼽을 수 있다. 갓난아이에게 모유 대신 먹이는 것이라는 이미지에서 벗어나 이제는 완전한 건강 식품으로 인정받는 우유는 이미 오래전부터 우리 생활에 자연스럽게 자리를 잡고 있다. 그래서인지 발효 유제품은 누구나 특별한 거부감 없이 즐긴다. 치즈 또한 서양에서 들여온 것뿐만 아니라 우리나라에서 직접 만든 것도 우리 시장에서 어렵지 않게 사 먹을 수 있다. 독특한 냄새가 나는 탓에 치즈 자체로는 우리 식탁에 쉽게 오르지 못하는 것 같지만, 우리나라 사람들이 오늘날 피자를 즐겨 찾게 되면서 피자의 재료로 치즈가 사람들에게 가까이 다가갔다. 치즈는 지역마다 독특한 발효 미생물에 의해 만들어져 맛과 향이 서로 다르다. 그래서 이름을 지역 이름에서 따오는데, 우리나라에서 만든 치즈도 그러한 전통을 따라서인지 이름 앞에 지역 이름을 붙였다.

고기로 만든 서양의 발효 음식으로는 햄과 소시지가 있다. 지역

이름에서 이름을 따온 치즈와 달리 사용한 재료와 만드는 방법에 따라 이름을 붙이는 경우가 많다. 처음 우리나라에 들어온 소시지는 서양이 아니라 일본을 거쳐 온 것이기에, 우리나라 최초의 소시지는 일본식 서양 음식 중 하나로 보아도 좋다.

이미 오래전부터 학생들의 도시락 반찬용으로 많이 먹은 한 '소시지' 상품이 있다. 소시지처럼 기다란 비닐봉지에 분홍빛 나는 고기를 담은 것으로, 햄과 소시지를 한꺼번에 먹고자 한 뜻도 있었던 것 같다. 그러나 사실은 먼저 일본에서 서양의 소시지 모양으로 만든 어묵 제품을 우리가 그대로 따라 만든 것이다. 이처럼 처음부터 우리나라 사람들이 먹었던 '소시지'는 일본식 어묵 소시지였으니, 원래 소시지 맛이 그렇다고 잘못 알았던 사람도 많았다. 지금은 우리나라에서도 원래의 소시지 맛을 그대로 살리는 방법과 기술을 가져와 본연의 맛과 향을 가진 제품을 만들고 있다. 음식 문화는 지역과 환경에 맞게 원래의 형태에서 바뀌기도 하면서 새롭게 향유된다.

귀신의 장난, 공장에서 만들다

미생물이 일으키는 발효 작용에 의해 식품 성분이 바뀌는 발효 음식의 제조 원리를 알지 못한 옛날 사람들은 집안에서 음식 맛이 변하는 것을 귀신의 장난이라고 여겼다. 그들에게 음식 맛의 기본이 되는 장맛이 변하는 것은 집안에 우환이 생길 징조였다. 그렇다 보니 장맛이 변하지 않게 하려는 오랜 금기가 많았다. 지금은 별일 아닌 것처럼 보이지만, 이런 소소한 금기 하나하나는 변화를 예방하거나 생활에 도움이 되는 어른들의 지혜였다.

우리나라의 전통 발효 음식은 반찬으로서도 중요한 역할을 하며, 우리의 입맛과 음식 맛을 결정하는 중요한 열쇠를 쥐고 있다. 누구나 언제 어디서든 김치만 있으면 밥 한 공기를 비울 수 있다는 말이 있듯 발효 음식인 김치는 우리의 주요 음식이다. 간장이나 된장은 국이나 찌개를 만드는 데 들어가는 중요한 양념이기도 하며, 수많은 종류의 젓갈이나 절임만으로도 밥상을 차릴 수 있다. 우리 생활에서 발효 음식의 중요성은 언제라도 금방 몸으로 느낄 수 있다.

수많은 종류의 발효 음식이 발달한 만큼 우리의 생활도 넉넉해졌다. 발효 음식과 함께 발전해 온 우리 생활에서 발효 음식을 마련하는 것이 바로 가족을 먹여 살리는 살림인 셈이었다. 때를 맞추어 장을 담그고 김장을 하는 것은 단순히 먹을거리를 준비하는 것으로 끝나지 않고, 가족을 위해 한 해, 아니 여러 해 동안의 음식을 예비하는 과정으로 생각해도 좋을 정도이다. 그런가 하면 계절에 따라 그때그때 맛볼 수 있는 제철 발효 음식을 만들어 먹으며 건강을 유지하는 노력도 게을리 하지 않는다. 제사를 대비하거나 손님을 접대하기 위해 집집마다 독특한 맛을 지닌 가양주(家釀酒) 담그기도 살림의 일부였다.

최근에는 생활 필수품을 만드는 일이 산업화되고 있다. 발효 음식도 예외는 아니다. 과학 기술이 발달하면서 자연적으로 발효시키는 방식에서 벗어나 산업체에서 관리하고 통제하는 방식으로 발효 음식을 대량 생산하고 있다. 시장이 원하는 대로 제품을 만드는 데 가장 알맞은 미생물을 선택하고, 발효 과정을 개선해 생산성을 향상한다. 그뿐만 아니라 발효 음식의 특별한 기능에 주목해, 청국장으로 만든 건강 식품처럼 발효 음식의 성분과 기능이 첨가된 새로운 제품을 개발하기도 한다. 알약 모양을 한 의약품으로 가공하기도 하며, 발효 음식에서 기능성 물질을 추출해 신소재로 개발하는 연구도 활발히 이루어지고 있다. 특히 우리나라의 대표적 발효 음식인 김치와 된장에 들어 있는 여러 생리 활성 물질이 성인병을 예방하고 항암 작용과 혈전 용해 작용을 하는 등 여러 효과를 나타낸다는 연구 결과도 속속 발표되고 있다. 발효 음식을 중심으로 하는 우리 음식 문화의 우수성이 새롭게 주목을 받고 있는 것이다.

발효 음식이 잘 발달한 우리나라의 미생물학은 그 성장 가능성이 크다. 연구자만이 아니라 모두가 발효 음식을 이해하고 잘 활용한다면 얼마든지 우리 음식 문화를, 더 나아가 문화 전반을 고루 발전시킬 수 있다. 이전에는 잘 이해하지 못한 "발효 음식의 왕국"이라는 지도 교수의 말이 시간이 흐르면서 조금씩 이해되는 것 같다.

인간은 그저
거들 뿐이다

술과 알코올

술은 아주 오래전부터 우리 생활 속에서 함께해 왔다. 술은 도대체 언제부터 우리 생활에서 빼놓을 수 없는 음료가 되었으며, 어떻게 역사와 문화를 만들어 왔는가를 보면 화수분처럼 솟아나는 수많은 이야기가 꼬리를 물고 이어진다.

항상 우리 곁에서 역사와 문화를 함께 만들어 온 술에는 한 가지 빼놓을 수 없는 사실이 있다. 과학과 기술이 아무리 눈부시게 발전했다 하더라도 결코 술을 공업적으로 합성하지는 않는다는 점이다. 지금도 우리가 마시는 술은 모두 에틸알코올(ethylalcohol, C_2H_5OH)로, 미생물인 효모가 일으키는 알코올 발효 작용으로 만들어 낸 것이다.

술과 알코올이라는 말은 같은 뜻으로 쓰이는 경우가 많다. 그렇더라도 엄연히 다른 단어인 만큼 둘을 구별해 써야 하지 않을까? 더욱이 미생물의 발효 작용에 의해 만들어진 알코올만 술이라고 부를 수 있을지, 혹시 미생물에 의한 발효 외에 다른 방법으로 만들어진 알코올도 술이라 부를 수 있을지 하는 의문까지도 떠올라 우리를 혼란스럽게 한다. 알코올은 분명 화학 물질의 일종이다. 우리 주변에서 찾아볼 수 있는 화학 물질은 수도 없이 많은데, 이들은 제각기 다르므로 구분할 필요가 있다. 그렇기 때문에 각각의 화학 물질에는 나름대로 독특한 이름이 있다.

비록 술과 알코올이 같은 뜻으로 널리 쓰이기는 하지만, 둘 사이에 서로 구별되는 차이가 분명해질 때가 있다. 술은 우리가 마시는 알코올 음료라는 뜻으로 많이 쓰인다. 이에 비해 알코올이라는 말은 소독약이라는 뜻으로 더 많이 쓰인다. 이처럼 용례를 따져 보면 술은 일상적인 단어이고 알코올은 전문적인 용어임을 알 수 있다. 그래도 사람들은 우스갯소리로 술은 우리말이고 알코올은 술을 뜻하는 영어라고 고집한다. 물론 전혀 틀린 말은 아니지만, 정확히 구분하려면 알코올이라는 화학 물질을 좀 더 살펴볼 필요가 있다.

100여 종의 원자 가운데 생명체를 구성하는 것은 탄소(C)와 수소(H), 산소(O), 질소(N) 등 불과 몇 종류뿐이다. 그중에서도 생명체의 생물 분자는 모두 탄소 원자를 갖고 있다. 이들을 통틀어 유기 화합물(organic compound) 또는 유기 물질이라 부른다. 생명체를 구성하는 유기 물질은 탄소 원자를 중심으로 다른 원자들이 결합한 형태를 띤다. 탄소 원자는 홀로 존재하지 않고 다른 원자와 손을 맞잡고 있는데, 맞잡을 수 있는 손이 탄소에는 네 개나 있다. (이에 비해 수소에는 한 개, 산소에는 두 개가 있다.) 즉 손이 네 개인 탄소 원자 하나는 수소 원자 넷과 충분히 결합할 수 있다.

손이 네 개인 탄소 원자는 다른 원자에 비해 결합력이 분명 강하다. 이처럼 결합력이 강한 탄소 원자가 빈손 없이 다른 원자와 결합해 있는 물질을 알칸(alkane)이라 부른다. 탄소 원자 하나에 수소 원자 넷이 빈손 없이 결합한 것을 메탄(methane, CH_4)이라 부르고, 탄소 원자 둘이 연결되면서 각 탄소 원자의 나머지 손 모두에 수소 원자가 결합한 것을 에탄(ethane, C_2H_6)이라 부른다. 이처럼 탄소 원자의 수에 따라 셋이면 프로판(propane, C_3H_8), 넷이면 부탄(butane, C_4H_{10}), 다섯이면 펜탄(pentane, C_5H_{12}), 여섯이면 헥산(hexane, C_6H_{14}), 일곱이면 헵탄(heptane, C_7H_{16}), 여덟이면 옥탄(octane, C_8H_{18}), 아홉이면 노난(nonane, C_9H_{20}), 열이면 데칸(decane, $C_{10}H_{22}$)이라고 부른다. 이 알칸이 수소 외에 다른 원자와도 결합해 또 다른 물질을 구성하면 이름 뒤에 '-yl'이라는 접미사를 붙여 물질 이름을 새로 붙인다.

알코올은 탄소 원자를 기본으로 하며 탄소 원자와 수소 원자로 구성된 알킬기(alkyl group, R)에 산소 원자와 수소 원자가 하나로 붙어 있는 수산기(hydroxyl group, -OH)가 결합한 물질을 일컫는다. 그래서 알코올의 기본 구조를 간단히 R-OH라고 표기한다. 그런데 알킬기의 탄소 원자 수에 따라 물질의 구조와 성질이 달라지므로, 이름을 탄소 원자의 수에 따라 구별해 부르기로 약속한 것이다. 이를테면 알코올은 알칸이 수소 원자 하나를 잃고, 수산기를 얻어서 생기는 화합물이다. 구체적인 예로 메탄에 붙어 있던 수소 원자 하나가 떨어져서 수산기 하나가 붙을 수 있는데, 그렇게 만들어진 새로운 물질을 우리는 메틸알코올(CH_3OH)이라 부른다. 메틸알코올은 탄소 원자가 하나인 경우이며, 둘이면 에틸알코올, 셋이면 프로필알코올이 된다. 즉 알코올의 일반적인 구조식은 $C_nH_{2n+1}OH$이다.

이제 우리는 알코올이 한 종류만 있는 것이 아니라 탄소 원자의 수에 따라 여러 종류가 있다는 것을 알았다. 알코올 또한 탄소 원자의 수에 따라 서로 다른 이름을 붙이는데, 알코올은 우리 생활에서 많이 쓰이는 물질이므로 이름을 간단히 줄여 부르기도 한다. 예를 들어 메틸알코올은 메탄올(methanol)로, 에틸알코올은 에탄올(ethanol)로, 프로필알코올은 프로판올(propanol)로 부른다. 그 밖에도 부탄올(butanol), 펜탄올(pentanol) 등으로 줄여 쓴다. 그러나 그중에서 우리가 먹는 것은 에탄올, 즉 에틸알코올이다.

술은 효모가 만든다

술을 만드는 방법은 아주 힘들고 어렵지는 않다. 이미 오래전부터 사람들이 술을 즐겼다는 고대 문명의 기록을 보더라도, 술을 만드는 방법이 그렇게 어렵지 않아 누구나 만들 정도였음을 알 수 있다. 이처럼 오래전부터 사람들이 술을 만들었다고 하지만, 사실 사람들은 그저 술을 만드는 데에 필요한 재료를 순서대로 넣고 적당한 장소에 두는 역할만 했을 뿐이다. 실제로 술을 알아서 만드는 것은 효모라는 미생물이다.

효모는 '뜸팡이'라고도 불리는 곰팡이의 일종으로 자연에 널리 분포해 있다. 언제 어디서든 쉽게 찾을 수 있다고는 하지만, 효모도 엄연히 살아 있는 생명체이기에 그 나름의 생존 조건이 있기 마련이다. 그래서 사람들은 효모가 잘 살 수 있는 환경을 만들어 줌으로써 필요한 때에 효모를 얻을 방법을 알아냈다. 효모에는 음식물에 들어 있는 포도당($C_6H_{12}O_6$) 등의 당류를 에틸알코올과 이산화탄소로 바꾸는 능력이 있다. 이 능력을 가리켜 알코올 발효라고 하며, 다른 말로는 주정발효(酒精醱酵)라고도 한다. 효모의 알코올 발효 과정을 화학식으로 표시하면 다음과 같다.

$$C_6H_{12}O_6 \rightarrow 2C_2H_5OH + 2CO_2.$$

이때 발효란 효모를 비롯한 곰팡이나 세균 등의 미생물이 스스로 살기 위해 유기물을 분해하면서 우리에게 유용한 물질을 만드는 것을 가리킨다. 이에 반해서 미생물들이 우리가 쓰기 전에 유기물을 분해하는 바람에 못 쓰게 하거나 유기물 가운데에서도 특별히 단백

인간은 그저 게들 뿐이다

질 성분을 분해해 악취를 만들기도 하는데, 이러한 작용은 부패(腐敗, putrefaction)라고 말한다. 간단히 생각하자면 미생물이 우리에게 유용한 물질을 만들면 발효이고, 우리에게 유용하지 않은 변화를 만들면 부패이다.

발효는 생활 속에서 자주 쓰이는 낱말이지만, 사실 발효의 원말은 '발교'이다. 그런데 언제부터인지 모르게 사람들이 한자 '酵'를 원음인 '교'가 아닌 '효'로 발음하면서 지금처럼 '효'로 굳어진 것이다. 한자 사전에도 '酵'는 ① 술 괼 효·교, ② 뜸팡이 효·교로 두 가지 음이 함께 설명되어 있다. '酵'를 원래의 음인 '교'로 표기한 예는 『구약성서』의 「출애굽기」에 나오며, 발효시켜 만들지 않은 빵을 "무교병(無酵餠)"이라 번역했다. 빵은 밀가루 반죽을 발효시켜 부풀려 구운 음식인데, 발효시키지 않았으니 아마도 우리 음식으로 보자면 부침개나 지짐, 빈대떡과 비슷하게 만들어졌을 것이다.

술을 빚기 위해 지켜야 할 것들

술의 기원을 따져 보면 선사 시대까지 거슬러 올라간다. 선사 시대에도 술을 만들었던 것은 당시 사람들도 비교적 쉽게 술을 만들 줄 알았고, 술을 만드는 효모가 어디에든 있었기 때문이다. 포도만 보더라도 포도 껍질에 붙어 있는 흰 물질이 바로 효모이다. (이 흰 물질을 농약이라 잘못 알고 있는 경우가 많다.) 그러므로 포도를 주물러 으깬 다음 항아리에 담아 선선한 장소에 놓아두어도 쉽게 포도주를 만들 수 있다. 시간이 지나면서 저절로 포도주로 발효되는데, 이처럼 그야말로 아주 간단한 일이므로 고대에는 유인원들도 만들 수 있다고 여겨 원주(猿酒)라고 부르기도 했다.

그렇다고 술을 아무렇게나 만들지는 않는다는 것도 분명하다. 실제로 그 안에는 우리가 따라야 할 몇 가지 조건이 있다. 따라야 할 것을 제대로 따르지 않으면서 제맛이 나는 술을 기대할 수는 없다. 이 모든 것을 정성이라는 한마디로 뭉뚱그려 표현할 수도 있다. 하지만 그 안에는 과학적인 사실이 담겨 있기 때문에 정확한 설명도 가능하다. 정성을 들인다는 것은 그리 간단하지 않으므로, 술을 표현할 때만큼은 몇 가지 특별한 말을 쓰기도 한다. 우선 술을 만드는 것을 '빚는다.'라고 달리 표현할 때가 있다. '빚다.'라는 단어에는 대충대충 만들기보다는 많은 정성을 기울인다는 뜻이 들어 있다. 또한 '빚다.'라는 단어 외에 '담그다.'라는 단어도 쓰인다. 음식을 익히거나 삭히려고 재료를 버무려 그릇에 담는 일을 '담그다.'로 표현하는데, 장이나 김치처럼 술도 대부분 항아리에 담기 때문에 쓰는 말이다.

좋은 술을 만들려면 우선 효모의 발효 과정을 어느 정도 이해해야 한다. 술을 만들 때 효모가 아닌 미생물이 들어가면 제맛이 나는 술을 얻을 수 없다. 여러 종류의 미생물이 모여 살면서 제각기 다른 물질을 만들면 그 결과물은 술이 아니라 썩은 물일 수밖에 없다. 그러므

인간은 그저 거들 뿐이다

로 술 발효액은 효모가 살 수 있는 조건을 제대로 갖추어 효모 외의 미생물이 살 수 없도록 만들어야 한다. 포도주를 담근 항아리를 서늘한 곳에 놓아두는 것도 효모가 잘 사는 온도인 섭씨 20도에 맞추기 위한 방법이다. 온도가 올라가면 초산균이 번식하는데, 초산균은 효모가 애써 만든 에틸알코올을 식초로 바꾸어 결국은 신 포도주로 만들어 버린다.

포도주를 담글 때 가끔 설탕을 조금 넣는 경우가 있다. 효모는 포도에 들어 있는 포도당을 써서 알코올 발효를 하지만, 포도주를 담그자마자 발효를 시작해 술을 뚝딱 만들어 내는 것은 아니다. 효모가 제 힘으로 정상적인 알코올 발효 과정에 들어가기 전에 준비 운동을 하면서 자리를 잡는 데는 도움이 필요하다. 그래서 알코올 발효 과정에 바로 쓸 수 있도록 설탕을 약간 넣는 것이다. 이를 가리켜 시동 배양(始動培養, start culture)이라 한다. 마치 자동차 모터를 바로 돌리려면 처음부터 큰 힘이 필요해서, 먼저 작은 모터를 돌려 얻은 힘으로 모터를 돌리는 것이 더욱 효과적인 것처럼 말이다.

효모에 의한 알코올 발효는 기본

우리나라에서 오래전부터 빚어 마셔 온 술은 막걸리이다. 막걸리의 발효를 포도주의 발효와 비교하면 큰 차이가 있다. 막걸리는 쌀을 원료로 하는데, 효모가 쌀에 들어 있는 녹말 성분을 그대로 쓸 수 없다. 녹말은 단당류가 사슬처럼 이어져 있는 다당류의 구조를 띠기 때문에 먼저 이 사슬을 끊어 단당으로 잘게 부수는 이른바 당화 과정이 필요하다. 같은 이유로 보리를 원료로 하는 맥주 또한 효모가 알코올 발효를 하기 위해서는 당화 과정이 앞서야 한다. 막걸리를 담그려면 찹쌀이나 멥쌀을 물에 불리고, 시루에 찐 밥을 누룩과 함께 버무려 항아리에 담는다. 막걸리를 담그는 데 쓰이는 재료를 '술밑'이라고 부르며, 여기에 들어가는 밥을 '지에밥'이라 부르는데 간단히 '지에'라고도 한다. 막걸리를 담그고자 지에밥과 누룩을 버무려 담그는 일을 가리켜 '술을 빚는다.'라고 한다. 한편 막걸리를 빚는 항아리에서 발효 작용이 일어나면서 거품이 부걱부걱 솟아오르는 모양을 '술이 괸다.', '술이 익는다.'라고 말한다. 이는 탄수화물을 당으로 바꾸는 당화 작용과 효모에 의한 알코올 발효가 한꺼번에 일어나는 과정을 보여 준다.

포도주나 막걸리, 맥주를 비롯해 어떤 종류의 술을 만들든 효모에 의한 알코올 발효가 기본이다. 효모는 포도당 분자 하나를 에틸알코올 분자 둘과 이산화탄소 분자 둘로 분해하는 발효 과정(앞에서 나온 화학식 $C_6H_{12}O_6 \rightarrow 2C_2H_5OH + 2CO_2$를 말로 풀어 쓴 것이다.)에서 나오는 ATP 분자 둘을 에너지로 삼아서 살아간다. 한편 사람들은 알코올 발효 과정에서 효모가 만든 에틸알코올을 음료로 마신다. 그뿐만 아니라 에틸알코올과 함께 생성되는 이산화탄소는 밀가루 반죽을 부풀릴 수도 있다. 지금도 빵을 만들 때 부풀리는 재료로 쓰는 이스트

(yeast)는 효모의 또 다른 말이다. 이렇게 효모는 막걸리와 포도주, 맥주는 물론이고 빵을 만들 때까지 쓰이는 미생물이다.

증류주, 생명의 물

술의 종류는 크게 발효주와 증류주 둘로 나눌 수 있다. 효모가 알코올 발효를 하면서 만든 에틸알코올을 걸러 마시거나 그대로 마시는 것이 발효주이다. 막걸리와 포도주, 맥주 모두 이에 해당한다. 자연적인 발효주는 알코올 함량이 그리 높지 않다. 알코올 함량이 비교적 높은 포도주라 하더라도 12퍼센트 정도에 불과하다.

사람들은 증류법을 개발해 알코올 함량이 높은 술을 얻을 수 있었다. 증류법을 통해 알코올에 대한 여러 사실을 알게 되면서 알코올에 생명의 물, 만병통치약을 뜻하는 라틴 어 단어 아쿠아 비타이(aqua vitae)를 이름으로 붙였다. 알코올 증류법은 연금술을 추구하던 이슬람 세계에서 처음 개발되어 유럽으로 전파되었으며, 우리나라에는 고려 시대에 원나라를 통해 들어와 우리 생활에 자리 잡게 되었다.

증류법을 이용해 알코올 함량을 높인 술이 바로 증류주이다. 증류주도 어떤 종류의 발효주를 이용하느냐에 따라 두 가지로 나뉜다. 곡물을 발효시켜 만든 술을 증류한 것이 위스키(whiskey)이고, 과실을 발효시켜 만든 술을 증류한 것이 브랜디(brandy)이다. 우리 전통주인 막걸리를 증류시킨 것은 굳이 따지자면 위스키에 해당한다고 하겠다. 증류주는 알코올 함량이 높으므로 증류주를 마시면 그만큼 알코올의 효과도 빠르고 크게 나타난다. 위스키를 좋아하는 사람들이 술을 알코올이라 부르면서, 알코올이 자연스럽게 술을 대신하는 말이 되었다는 주장도 그럴듯하게 들린다.

우리나라도 오래전부터 막걸리를 증류시켜 소주(燒酒)를 만들었으며 이때 사용하는 기구를 소줏고리라고 불렀다. 지금까지 가양주로 남아 있는 안동 소주나 경주 법주 등이 바로 우리의 전통 증류주이다. 우리나라의 대표적인 술인 소주는 주정(酒精)이라 불리는 알코올을 만들어 희석한 것이므로 엄밀히는 희석식 소주이다.

알코올 생산자들은 더욱 높은 함량의 알코올을 생산하기 위해 특수한 능력을 갖춘 효모 균주를 찾아내 상업적으로 이용하고 있다. 술과 알코올, 효모와 알코올 발효는 서로가 떼려야 뗄 수 없는 관계를 이루고 있다.

인간은 그저 거들 뿐이다

제 발로 찾아든
신맛의 비밀

식초를 찾았다

음식은 중요한 삶의 조건이다. 우리는 매일 식사를 하며, 한 끼라도 거르기 힘들다. 그러면서도 아무 음식이나 먹으려 하지는 않는다. 이왕이면 맛있는 음식을 찾기 마련이며, 그것도 그냥 먹지 않고 우아하게 즐기면서 먹으려 한다. 아직 음식의 제맛을 잘 알지 못하는 어린 아이조차도 맛있는 음식은 더 달라고 하고, 맛없는 음식 앞에서는 고개를 돌린다. 그렇다면 음식이 갖고 있는 맛이란 도대체 무엇일까?

사람들이 느끼는 기본적인 맛에는 단맛, 쓴맛, 짠맛, 신맛, 그리고 매운맛(엄밀히 말해서 매운맛은 맛이 아니라 혀가 느끼는 통증이라고 보아야 할 것이다.)이 있다. 어떤 사람들은 여기에 감칠맛까지 끼워 넣는다. 음식의 맛을 내는 대표적인 양념을 보면 단맛에는 설탕이, 짠맛에는 소금이, 매운맛에는 고춧가루가, 신맛에는 식초가 있다. 쓴맛을 내는 양념은 딱히 꼽을 수 없는데, 아마도 사람들이 쓴맛을 즐겨 찾지는 않기 때문일 것이다. 사람들이 언제부터 이런 양념을 음식에 넣기 시작했는지 살펴보는 것도 재미있는 음식 문화의 일부이다.

오래전부터 사람들은 맛있는 음식을 만들어 먹었다. 맛을 내는 양념부터 재료에 이르기까지 지역과 환경에 따라 더하고 빼며 특별한 음식을 만들어 먹음으로써 저마다 독특한 음식 문화를 발전시켰다. 우리나라도 음식 문화에 있어서는 다른 어느 나라와 비교하더라도 빠지지 않는 독특함을 간직하고 있다. 심지어는 우리나라 안에서도 지역마다 독특한 음식 문화를 발전시켰다. 물론 지역마다 독특하다고는 해도 주재료와 음식의 종류 자체는 크게 바뀌지 않는다. 양념도 마찬가지여서 크게 바뀌지 않는다. 고추나 마늘은 매운맛을 내는 양념으로서 전국 어디에서나 비슷하게 널리 쓰이고 있다. 물론 같은 것이라도 특정 지역에서 나는 고추나 마늘의 맛을 더욱 높게 쳐서 지역 특산물로 발전한 사례가 있지만 말이다. 소금도 짠맛을 내는 조미료로서 전국적으로 쓰인다. 역시 특정 지역의 소금이 지역 특산물로 특별히 인정받고 있다.

소금은 해안가나 갯벌 같은 특정 지역에서만 만들 수 있다는 제약이 있다. 고추 또한 특정 품종이 잘 자라는 재배 환경을 조성해 줄 필요가 있다. 반면 식초는 특정 지역에서만 만들어진다는 제약이 있는 양념은 아니기에, 어느 지역의 특산품으로 알려진 것은 없다. 제조법만 알면 식초는 누구나 쉽게 어디에서나 만들 수 있다. 물론 식초 제조법을 아는 사람에게나 간단한 일이지, 방법을 모르는 사람에게는 어려운 일이다. 그러나 요즈음은 궁금한 것이 있으면 얼마든지 찾아볼 수 있는 인터넷이라는 안내자가 있다. 호기심만 있으면 얼마든지 문제를 해결할 수 있는 편리한 세상이 되었다.

그렇다면 신맛을 내는 식재료에는 어떤 것이 있을까? 신맛은 귤이나 사과 같은 과일에서 얻을 수 있었지만, 요즈음에는 달콤한 맛을 내는 품종을 만들어 재배하므로 예전처럼 신맛이 강한 과일을 맛보기는 어렵다. 신맛이 나는 대표적인 과일로 석류가 아직 남아 있지만, 이 역시 단맛이 강한 품종으로 점차 바뀌고 있다. 석류가 신맛을 내는 과일이기는 해도 음식에 신맛을 내려고 석류 즙액을 넣지는 않는다. 과일은 1년에 한 번 수확하는 것이니 신맛의 재료로 쓰기에는 아무래도 충분하지 않을 것이다. 들판에서 자라는 풀 가운데에는 이파리를 따서 씹어 보면 신맛이 나는 괭이밥이 있다. 이 역시 신맛이 나기는 하지만 석류보다도 약하고, 또한 괭이밥의 즙액을 짜서 음식에 넣어 먹는 것도 무리이기는 마찬가지이다. 양념으로 쓰려면 우선 신맛이 강해야 하고, 쓰는 데 간편해야 한다. 이러한 조건을 충족시키는 식초를 찾아낸 것은 오래전부터 사람들이 음식 문화를 발전시킨 결과라고 할 수 있다.

사람들이 식초를 찾아낸 것은 도대체 언제일까?『성경』에도 식초가 나오는 것으로 보아 아마 고대에도 사람들이 식초를 썼으리라고 짐작할 수 있다. 기원전 4000년경 바빌로니아에서도 여러 종류의 향신료와 함께 식초를 음식에 넣어 먹었다는 기록이 있고, 고대 로마에서도 물과 식초를 섞어 포스카(posca)라는 음료를 만들어 마셨다고 한다. 이를 보더라도 사람들이 술과 더불어 식초 또한 음식 재료로 오래전부터 자연스럽게 써 왔음을 알 수 있다. 술이 있는 곳에는 식초가 뒤따르기 때문이다.

먹다 남긴 음식에서 시큼한 맛이 나면 음식이 상했다는 것을 옛사람들도 알았을 것이다. 시큼한 음식을 먹고 배탈이 난 경험 때문에 음식이 쉬면 더 먹지 않고 버렸을 텐데, 물기가 많은 음식은 쉬어서 시큼한 맛이 나도 먹고 나서 별 탈이 없다는 것을 알았을 것이다. 더욱이 술은 오래 두면 그 맛이 자연스레 시어진다는 사실을 알고, 이를 신맛이 나는 음료로 활용한 것이 아마 식초의 원조였을 것으로 추정된다.

사람들이 오래전 포도주나 맥주를 만들어 마셨을 때부터 식초는 자연스럽게 그 뒤를 이었을 것이다. 효모의 존재를 몰라도 빵과 포도주, 맥주를 만들어 즐길 수 있었듯이, 사람들은 술이 자연스럽게 식초로 바뀐다는 사실을 알게 되었으리라. 또한 이것을 신맛을 내는 양념으로 쓰면서 음식을 더 다채롭게 즐겼을 것이다. 알코올 발효를 하는 효모나 초산 발효를 하는 초산균을 사람들이 따로 배양해 발효 과정에 첨가하지 않더라도, 발효 조건만 갖추어지면 주변에 있던 발효균들이 제 발로 찾아들어가 발효를 마무리하는 것이다.

우리나라 또한 『삼국유사』와 『삼국사기』에 이미 술에 관한 기록이 여러 종류의 음식과 함께 여러 차례 나오는 것을 보더라도, 옛날부터 쌀로 막걸리를 담가 마셨으며 당연히 식초 또한 양념으로 썼으리라고 짐작할 수 있다. 우리나라에서도 오래전부터 식초를 만들어 먹었기에 지금도 사람들은 식초를 감식초, 현미 식초, 사과 식초, 막걸리 식초 등 여러 종류로 구분한다.

식초를 즐기기 위한 과학

이렇게 유구한 역사를 자랑하는 식초를 넣어 먹는 우리나라의 음식에는 무엇이 있을까? 아마 냉면이 떠오를 것이다. 냉면을 더 맛있게 먹으려고 사람들은 식초와 겨자를 가미한다. 분명 맛을 위한 것이기는 하지만, 식초나 겨자에 살균 효과가 어느 정도 있다는 사실 또한 무시할 수 없다. 물론 진한 식초는 당연히 살균 효과가 높아 음식을 보관하는 데에도 쓰이지만, 농도가 약 0.1퍼센트로 음식에 첨가해도 될 만큼 묽은 식초라 하더라도 살균 효과를 기대할 수 있으니, 혹시라도 일어날지 모를 음식의 오염을 방지하는 효과를 기대할 만도 하다. 더구나 냉면은 주로 도자기도 옹기도 아닌 유기그릇에 담긴다. 오래전부터 냉면을 유기그릇에 담아 왔으니 '그런가 보다.' 하고 넘어가는 사람들이 대다수일 것이다. 그런데 최근 유기그릇이 살균 효과가 뛰어나다는 사실이 알려졌다. 그렇다면 온도가 높은 여름철에 음식이 빨리 상하는 것을 막기 위해 옛 사람들이 냉면을 유기그릇에 담았던 것은 아닐까?

　주변에 냉면을 아주 좋아하는 한 친구가 있다. 그런데 냉면도 냉면이지만, 그는 자연 발효 식초를 내놓는 음식점만 찾아다닌다. 일반 식초나 자연 발효 식초나 모두 똑같은 것 같지만 맛을 보면 확실히 차이가 있다. 일반 식초는 그저 신맛이 강하게 날 뿐이지만, 자연 발효 식초는 신맛도 부드러운 데다 달짝지근한 맛에 감칠맛까지 뒤따라오는 것이 아주 다르다. 더욱이 자연 발효 식초는 조금만 정성을 기울이면 얼마든지 집에서도 담가 먹을 수 있는데, 방법을 몰라서인지 식초를 사 먹을 뿐이다. 슈퍼나 마트가 없던 옛날에는 식초를 어디에서 구했는지 돌이켜 보면 그 답을 알 수 있다.

　식초를 만드는 방법은 의외로 간단하다. 식초를 만들기 위해서는 먼저 술을 담가야 한다. 현미를 이용한 식초 제조법을 살펴보면 다음과 같다. 현미를 씻어 5시간 정도 불린 다음에 20분 정도 밥솥에 찌고 다시 20분쯤 더 뜸을 들여 꼬들꼬들한 고두밥을 짓는다. 뜨거운 고두밥은 넓게 펼쳐서 열기를 식히고 여기에 누룩 가루를 넣어 준다. 누룩은 밀이나 보리 등의 곡류를 잘게 부수어 만든 가루에 물을 조금 넣고 반죽한 것을 뭉친 다음 헝겊으로 묶거나 덮어서 따뜻한 곳에 놓아둠으로써, 볏짚이나 공기 중의 누룩곰팡이와 효모가 자리 잡아 번식하게끔 한 것이다. 따라서 술 담그기 전에 누룩을 미리 준비해야 한다. 누룩 속에는 효모를 비롯한 여러 종류의 미생물이 들어 있다. 누룩 가루와 잘 섞은 고두밥을 항아리에 차곡차곡 담고 물을 넉넉히 부어 1주일 정도 섭씨 25도쯤을 유지하면 막걸리가 된다. 여기에 식초의 씨앗이라 할 수 있는 종초(種醋)를 넣어 주고 섭씨 35도 정도에서 40일 이상 놓아두면 식초가 만들어진다. 종초로는 다른 사람에게 분양받거나 살아 있는 초산균이 들어 있는 식초를 써도 된다.

옛날에는 따뜻한 부뚜막 위에 식초병을 놓아두고, 마시고 남은 술로 식초병을 채워 가며 끊임없이 식초를 얻어 냈다. 이것이 바로 전통 발효 식초인 셈이다. 요즈음 시중에서 쉽게 구입할 수 있는 양조 식초는 주정을 희석해 초산균으로 발효시킨 것이므로, 식초의 신맛만 강조한 것이라 할 수 있다. 이에 비해 천연 발효 식초에는 다른 유기산이 함께 들어 있으므로 식초의 신맛과 더불어 여러 다른 맛과 향이 들어 있다는 점에서 뚜렷한 차이가 있다. 천연 발효 식초를 담아 둔 병 주위로는 초파리가 몰려드는 데 반해, 양조 식초 주변에는 초파리가 얼씬도 하지 않는다. 이를 보고도 천연 발효 식초의 맛과 향이 어떠한지 쉽게 알아볼 수 있다.

초산균이 에틸알코올에서 초산(CH_3COOH, 아세트산으로도 불린다.)을 만드는 초산 발효 과정은 다음과 같은 화학식으로 나타낸다.

$$C_2H_5OH + O_2 \rightarrow CH_3COOH + H_2O + 8ATP.$$

초산 발효는 알코올이 초산균에 의해 산화되어 초산과 물로 바

제 발로 찾아든 신맛의 비밀

꿔는 것이다. 따라서 식초를 얻으려면 초산균과 산소, 알코올이 들어 있는 액체가 한자리에 모여야 한다. 이렇게 산소와 작용할 수 있는 조건이 갖추어진 상태에서 초산균은 알코올을 분해시킴으로써 힘의 원천이 되는 ATP를 얻고 초산과 물을 부산물로 내놓는다. 초산 발효 화학식에서 볼 수 있듯이 에틸알코올 분자 하나가 각각 초산 분자와 물 분자 하나씩으로 바뀌는데, 초산은 물에 바로 녹기 때문에 결과적으로 알코올 1리터에서 식초 1리터를 얻을 수 있다.

초산 발효에는 산소가 필요한 호기적 반응과 함께 혐기적 반응도 있다. 혐기적 반응은 다음과 같은 화학식으로 나타낼 수 있다.

$$2CH_3CHO \rightarrow C_2H_5OH + CH_3COOH.$$

혐기적 반응은 아세트알데히드(CH_3CHO) 분자 두 개에서 에틸알코올 분자와 초산 분자 하나씩을 만든다. 아세트알데히드는 앞서 나온 호기적 반응에서 중간 물질로 만들어지는데, 결과적으로는 모두 초산 분자로 바뀐다. 초산 발효가 진행될 때에는 대부분 호기적 반응으로 나아가므로 산소가 잘 공급되어야 한다. 공기와 접촉하고 있는 표면에 흰 막이 생기기도 하는데 이 막은 초산균의 집합체이므로 제거할 필요가 없다. 혹시나 싶어 막을 제거하면 다시 생성될 때까지 더 오래 기다려야 한다. 옛날부터 식초를 발효시키는 데는 적당한 조건을 만들어 그대로 놓아두는 '정치 발효법'을 주로 이용했다. 한편 초산균이 살기에 적당한 온도는 섭씨 20~30도이며, 섭씨 10도 이하나 45도 이상에서는 활동력이 떨어진다. 또한 초산균은 알코올 농도가 5~10퍼센트 범위에 있을 때 잘 자라며 초산 농도가 10퍼센트 이상 되면 균의 활력이 떨어지다 결국 죽으므로 식초 발효를 기대할 수 없다.

식초를 찾은 사람들

오래전부터 막걸리를 담가 마셔 온 우리나라가 막걸리 식초를 만들어 먹었다면, 우리와 달리 맥주와 포도주를 담가 마셔 온 서양은 포도식초(vinegar)를 만들어 먹었다. 술과 식초 모두 분명히 우리 생활에 없어서는 안 되는 음료이지만, 사람들이 둘 중에서는 술을 더 좋아하기 때문인지 일반적으로는 술이 식초보다 더 비싸다. 그런데 요즈음 우리나라에서도 식초에 대한 인식이 많이 바뀌어, 몸에 좋은 식초를 구해 먹으려는 분위기가 조성되고 있다. 그래서 제법 비싸더라도 유럽에서 수입해 온 포도식초를 찾는 사람이 많다고 한다. 이에 비해 막걸리 식초는 자연스럽게 저렴한 음식으로 저평가된다. 막걸리의 값이 싼 편이라 그러한 것으로 보인다.

술과 식초에 얽힌 재미있는 이야기 하나가 있다. 프랑스의 미생물학자 루이 파스퇴르(Louis Pasteur)는 포도주를 만드는 고향 친구들에게 부탁 하나를 받는다. 포도주를 담가 통에 저장해 두면 그중 어떤 것은 나중에 원치 않게 포도식초로 변질되는 문제가 생기는데, 이를 해결해 달라는 것이었다. 초산 발효는 알코올에서 초산을 만드는 것이므로, 조건만 맞으면 포도주도 포도식초로 변할 수 있다. 그렇지만 포도식초는 포도주에 비해 헐값에 팔리다 보니, 초산 발효는 포도주 양조업자들에게 큰 피해를 줄 수밖에 없었다.

포도주를 만드는 알코올 발효 과정에서 포도주가 시어지는 것을 산패(酸敗)라고 부른다. 사람들이 원하는 알코올이 아니라 식초로 바뀌어 상했다는 뜻이다. 포도주와 식초를 현미경으로 살펴본 파스퇴르는 일반 포도주에 들어 있는 효모와는 다른 종류의 미생물이 쉰 포도주에 들어 있음을 알아냈다. 다시 말해 쉰 포도주에는 효모와 초산균이 함께 섞여 있음을 밝혀낸 것이다. (현재는 아세토박터(*Acetobacter*)속과 글루콘아세토박터(*Gluconacetobacter*)속에 속하는 여러 종이 잘 알려져 있다.) 이때 파스퇴르가 찾아낸 해결책은 포도주를 섭씨 55도 정도로 데워 주는 것이었다. 그러면 효모는 살아남지만 초산균은 죽어서 포도주가 더는 쉬지 않았다.

파스퇴르는 포도주를 데우면서 통 속에 든 공기를 빼 주고, 바깥 공기가 통 속으로 다시 들어가지 않게 꼭 막음으로써 설령 초산균이 남아 있더라도 초산 발효를 할 수 없는 상태로 만들었다. 에틸알코올에서 초산을 만드는 초산 발효는 공기가 잘 통하는 곳에서 일어나는 호기적 반응이므로, 공기를 차단하는 것이 포도주 산패를 막는 효과적인 방법이었다. 이처럼 파스퇴르는 자신이 찾아낸 저온 가열 방법에 자신의 이름을 따서 파스퇴르 살균법(Pasteurization)이라고 불렀다. 우리나라에서는 파스퇴르 살균법 또는 파스퇴르법이라 부르는 대신, 그 원리만을 가져와 저온 살균법이라고 부른다. 파스퇴르가 찾아낸 저온 살균법은 포도주를 살균하는 데 그치지 않고, 우유는 물론이고 맥주 등 다른 음료를 살균하는 데에도 널리 쓰이고 있다.

식초의 신맛은 분명 초산으로부터 나온다. 우리가 일상에서 쓰는 식초는 초산이 약 4~6퍼센트 들어 있다. 초산의 농도가 10퍼센트를 넘어가면 초산균이 죽어 버리므로, 천연 발효 식초에서 초산 농도는 10퍼센트를 넘기지 못한다. 그보다 더 높은 농도의 초산을 얻으려면 에탄올을 산화시키거나 메탄올에 이산화탄소를 더해 공업적으로 합성하는 방법이 있다. 98퍼센트 이상의 순도로 초산을 만들 수 있는 이 방법은 시약이나 중화제, 또는 촉매제 등을 산업적으로 만드는 데 널리 쓰인다.

이처럼 산업적으로 생산한 초산을 묽게 희석해서 식용으로 쓸 수도 있다. 희석하기 전의 초산 원액을 흔히 빙초산(氷醋酸)이라 한다. 초산의 어는점이 섭씨 16.6도여서 날씨가 조금만 추워도 얼어 버리기에 붙은 이름이다. 예전에는 음식점에서 빙초산을 희석한 식초를 식탁에 올려놓고 많이 사용했다. 빙초산을 물에 희석한 것을 합성 식초라 부르고, 초산균을 이용해 발효시켜 만든 것을 양조 식초라 부른다. 합성 식초는 양조 식초에 비해 맛과 향이 떨어지기 때문에 식용으로는 적합하지 않다. 그렇지만 초산균을 발효시킨 양조 식초라 하더라도 주정을

제 발로 찾아든 신맛의 비밀

희석해 발효시킨 양조 식초는 맛과 향이 떨어지기는 마찬가지이다. 요즈음 발효주를 담가 초산 발효를 유도해 만든 천연 발효 식초에 사람들의 관심과 인기가 쏠리는 것도 당연하다.

젖산균,
그 놀라운 활약상

우리 몸속 미생물 환경

오래전 일이지만 건강 문제를 생각할 때마다 두고두고 생각나는 일화가 하나 있다. 오랜만에 지인을 만나 안부를 묻자 그가 해 준 이야기이다. 속이 좀 불편하다 싶어 병원에서 처방을 받아 약을 먹었지만 별 진전이 없었다고 한다. 그래서 다른 병원으로 옮겨 다니는 일을 몇 차례 반복했음에도 속이 영 거북한 것이 없어지지 않았다는 것이다. 원인이 무엇인지 곰곰이 생각해 본 그는 나름대로 미생물에 대한 지식이 많은 사람이라 항생제가 원인일 것이라 판단했다. 따라서 시약용으로 나와 있는 흙가루를, 이어서 미생물 제제를 먹었더니 거북함이 사라졌다고 한다.

원인을 모르는 통증에는 우선 항생제 처방을 내릴 수 있다. 다른 병원에서는 또 다른 항생제 처방을 내릴 수 있고, 몇 번이고 이를 반복하면 여러 종류의 항생제를 먹게 되어 몸속 세균이 사라지고 미생물 환경이 바뀌게 된다. 그러다 보면 이전에는 없던 미생물이 많아지면서 몸에 해로운 성분을 만들어 고통을 줄 수 있다. 이런 독소 성분으로는 저분자량의 단백질 성분이 많은데, 흡착제로 쓰이는 벤토나이트(bentonite, 일종의 흙가루이다.)를 먹으면 독소 성분이 제거될 수 있으며, 미생물 제제를 먹으면 몸속 미생물 환경이 점차 개선되어 몸이 이전 상태로 되돌아갈 수 있다. 미생물 제제는 분명 우리 몸에 도움을 주는 것임에 틀림이 없다.

우리의 장 속에는 수없이 많은 미생물이 있어서 우리가 잘 느끼지 못하는 동안에도 항상 균형을 이루며 건강한 상태를 유지시켜 준다. 이들은 우리 몸에서 대변이 배출될 때 함께 빠져나간다. 그래서 대변 속에는 이 미생물들이 많이 들어 있다. 그럼에도 몸속 미생물의 숫자가 전혀 줄어들지 않는 것은 줄어든 양만큼 미생물이 증식해서 항상 보충하기 때문이다. 특히 우리 몸속에 들어와 터를 잡고 함께 사는 미생물 가운데에는 대장균과 젖산균이 있는데, 이들은 우리 몸에 해로운 미생물이 들어와 자리 잡는 것을 막아 주는 아주 중요한 일을 한다. 대장균과 유산균은 우리의 건강을 지키는 데 도움을 주는 대표적인 공생 미생물이다.

우리 몸속에서 함께 사는 미생물은 상상할 수 없을 정도로 많다. 그렇다면 이 많은 미생물은 도대체 어디에서 왔는지 궁금해진다. 물론 우리 몸속 미생물의 수효가 많은 것은 이들이 몸속에서 증식했기 때문이지만, 애초에 어떻게 우리 몸속으로 들어왔을까? 어디에 얼마나 많은지는 알 수 없지만, 미생물은 우리 몸속은 물론이고 몸 밖에도 수없이 많으며 음식에도 들어 있다. 그러므로 아마 음식을 통해 미생물이 자연스럽게 우리 몸속으로 들어왔으리라 추측된다.

논과 밭에서 여러 곡물과 채소를 길러서 먹어 온 우리나라에서는 곡물과 채소를 이용한 여러 발효 음식을 만들었다. 된장과 간장, 고추장 등의 장류를 비롯해 김치류와 절임류, 많은 젓갈류, 그리고 곡물 발효주 등이 우리 음식 문화를 풍성히 채워 주는 대표적인 발효 음식들이다. 우리가 오래전부터 즐겨 온 발효 음식의 역사는 『삼국지(三國志)』「위서(魏書)」「오환선비동이열전(烏丸鮮卑東夷列傳)」의 「고구려전」과 『삼국사기』의 「신라본기(新羅本紀)」에서도 확인할 수 있다. 여기에 장류와 젓갈류, 술이 언급된 것으로 보아 그때도 발효 음식이 이미 있었다는 사실을 알 수 있다.

이 발효 음식은 모두 하나 이상의 발효 미생물이 만들어 냈다. 미생물의 존재를 몰랐던 당시에도 자연적인 미생물의 발효 작용 덕을 보았던 것이다. 대표적인 발효 음식인 김치를 담글 때에도 발효 미생물을 따로 길러서 넣었던 것이 아니다. 소금에 절인 무나 배추에 양념과 젓갈 몇 가지를 버무려서 그냥 항아리에 넣어두기만 해도, 우리 주변의 발효 미생물이 그 안에 들어가 발효 과정을 완성했다. 그래서 우리는 발효 미생물의 활약을 자세히는 몰랐어도 김치가 '익는다.'고 했다.

여러 종류의 채소로 만드는 절임류도 마찬가지이다. 소금에 절였다가 꺼낸 채소를 항아리에 담거나, 항아리에 채소를 넣고 사이사이 적당한 양의 소금이나 식초를 넣어서 그대로 놓아두면 저절로 절임류가 만들어진다. 이 또한 주위에 있던 발효 미생물이 들어가 발효 작용을 마무리한 것이며 이것도 '곰삭는다.'고 해 왔다. 발효 음식을 만든 미생물이 무엇인지 이전에는 잘 알지 못했으나, 지금은 여러 발효 미생물이 진행시키는 발효 과정을 조금씩 밝혀내면서 발효 음식이 지닌 가치와 중요성을 새롭게 알려 주고 있다.

젖산균이 하는 일

잘 익은 김치에서는 시큼한 맛이 나고 요구르트에서도 새큼한 맛이 난다. 이처럼 음식에서 시큼하고 새큼한 맛이 나는 것은 음식이 무르익었음을 뜻하는데, 이는 대부분 유산균이라는 발효 미생물이 발효 과정을 거치면서 만들어 낸 젖산이 신맛을 내기 때문이다. 이 발효 과정을 일컬어 젖산 발효(lactic acid fermentation)라고 한다. 젖산균이라는 말보다는 유산균이라는 말이 더 많이 쓰인다. 발효 음료를 말할 때에도 유산균 음료라는 말이 더 많이 쓰인다. 그러면서도 발효는 젖산 발효라 불리는 경우가 더 많다. 유(乳)는 젖을 뜻하니 어떻게 쓰더라도 관계는 없다.

젖산균은 글루코오스 등의 당류를 분해해 젖산을 생성하는 세균으로, 다른 말로는 유산균 또는 락트산균으로도 불린다. 젖산 발효로 만들어진 젖산은 해로운 미생물의 생육을 억제하는 성질이 있으므로, 요구르트나 치즈 따위의 유제품이나 여러 김치류, 또는 된장과 간장, 청주 같은 양조 식품 등을 만드는 데 쓰인다. 한편 젖산균은 포유동물의 장 속에 자리 잡고 살면서, 잡균에 의한 해로운 변화를 막아주는 일종의 정장제(整腸劑) 역할을 하는 중요한 세균이다. 젖산균은 그람 양성균에 속하며, 증식 조건은 통성 혐기성이거나 혐기성이다. 젖산균의 종류로는 락토바실루스(*Lactobacillus*)속과 스트렙토코쿠스(*Streptococcus*)속, 페디오코쿠스(*Pediococcus*)속, 류코노스톡(*Leuconostoc*)속에 속하는 여러 종이 잘 알려져 있다. 젖산균은 운동성이 없고 카탈라아제에 대한 반응이 없으며, 증식하는 데에는 여러 비타민이나 아미노산, 또는 특이한 펩티드 따위가 필요한 것도 있다.

여러 발효 미생물 가운데에서 젖산 발효를 하는 대표적인 종류가 바로 젖산균이다. 파스퇴르는 1857년 젖산균에 대한 연구를 바탕으로 당을 젖산으로 바꾸는 것이 젖산균임을 밝혀내면서, 오래전부터 산패라고 알려진 젖산 발효를 새롭게 정리한 바 있다. 젖산균은 생김새에 따라 종류를 나누기도 하는데, 막대 모양을 한 간균(桿菌)으로는 락토바실루스속의 여러 종이 있으며, 둥그런 모양을 한 구균(球菌)으로는 스트렙토코쿠스속, 페디오코쿠스속, 류코노스톡속에 속하는 여러 종이 있다. 젖산 발효로 만들어지는 젖산을 자세히 살펴보면 L(+)

젖산균, 그 놀라운 활약상

형 젖산과 D(-)형 젖산, DL형 젖산까지 세 종류 가운데 하나에 속한다. 이처럼 광회전성이 다른 젖산 가운데 어떤 것을 만드는가에 따라서도 젖산균의 종류를 나눌 수 있다.

젖산 발효는 산소가 없는 상태에서 당을 분해해 젖산을 만들어 내는 과정이며, 유산 발효나 락트산 발효라고도 한다. 젖산 발효는 알코올 발효, 초산 발효와 더불어 세 가지 중요한 발효로 꼽히는데, 이때 발효란 한마디로 무기 호흡 중에 미생물이나 효소 작용으로 유기물이 불완전 분해되어 만들어지는 중간 산물이 우리 생활에 유용하게 쓰이는 것을 말한다고 앞서 설명한 바 있다.

한편 동물의 몸속에서 몇몇 특수한 장기를 제외한 대부분의 조직에서 일어나는 해당 과정(解糖過程) 또한 젖산 발효의 일종이라는 사실도 널리 알려져 있다. 해당 과정에 관여하는 여러 반응은 근육 추출액의 성분을 분석함으로써 많이 알려졌다. 젖산 발효 중 당류를 혐기 상태에서 분해해 주로 젖산만 만들어 내는 것을 일컬어 호모 발효(동종 젖산 발효 또는 정상 발효)라고 하며, 젖산 외에 알코올이나 이산화탄소, 초산 등의 부산물을 함께 만들어 내는 것을 일컬어 헤테로 발효(이형 젖산 발효 또는 혼성 발효)라고 한다. 젖산 발효로 만들어진 젖산과 부산물은 유제품과 장류, 김치류 등의 발효 음식을 제조하는 데 중요한 역할을 한다.

젖산 호모 발효는 다음과 같은 화학식으로 표시할 수 있다.

$$C_6H_{12}O_6 \rightarrow 2C_3H_4O_3 \rightarrow 2C_3H_6O_3 + 2ATP.$$

이 화학식에서 알 수 있듯 젖산균이 산소 없는 상태에서 포도당 분자($C_6H_{12}O_6$) 하나를 피루브산 분자($C_3H_4O_3$) 두 개로 만들고, 이를 다시 젖산 분자($C_3H_6O_3$) 두 개로 만드는 과정이 젖산 발효이다. 여기에서는 ATP 분자 두 개가 나오므로 이것들을 젖산균이 에너지원으로 쓸 수 있다. 알코올 발효와는 달리 이산화탄소가 나오지 않는 호모 발효이다. 이와 달리 헤테로 발효에서는 포도당 분자 하나가 젖산 분자 하나와 에틸알코올 분자 하나, 그리고 이산화탄소 분자 하나로 바뀌면서 ATP 분자 하나를 내놓는다. 젖산 헤테로 발효는 다음과 같은 화학식으로 나타낸다.

$$C_6H_{12}O_6 \rightarrow C_3H_6O_3 + C_2H_5OH + CO_2 + ATP.$$

호모 발효와 헤테로 발효는 '부산물로 에틸알코올과 이산화탄소를 만드는가?'뿐만 아니라, '포도당 분자 하나에서 ATP 분자를 몇 개 만드는가?'에도 차이가 있다. 포도당 분자 하나에서 호모 발효는 ATP 분자 두 개를, 헤테로 발효는 ATP 분자 한 개를 내놓으며, 따라서 에너지 효율도 각각 48퍼센트와 21.4퍼센트라는 차이를 보인다. 이에 비해 해당 과정은 포도당 분자 하나가 젖산 분자 두 개와 ATP 분자 세 개를 내놓으므로, 에너지 효율은 젖산 발효보다 훨씬 높은 63퍼센트에 이른다. 이처럼 해당 과정의 높은 에너지 효율은 왜 심한 근육 운동을 할 때 동물의 몸속에서 해당 과정이 일어나는지를 조금이나마 설명해 준다. 그렇다 하더라도 젖산 발효의 에너지 효율은 유기물을 완전히 분해하는 유기 호흡의 에너지 효율에 비하면 훨씬 낮은 편이다.

맛과 건강을 지키는 젖산균

젖산 발효는 젖산균이 스스로 살아남기 위한 자연스러운 삶의 방식이다. 두 가지 젖산 발효 가운데 이산화탄소를 발생시키지 않는 호모 발효는 김치류나 절임류, 젓갈류나 장류를 담그는 데에 쓰이고, 치즈나 요구르트 따위의 유제품을 만드는 데에도 널리 쓰인다. 물론 젖산 발효를 이용한다 하더라도 모든 발효 음식이 한 종류의 젖산만 이용하는 것은 아니며 발효 음식마다 다른 젖산균이 작용한다. 따라서 나라와 지역마다 맛과 향이 서로 다른 많은 종류의 발효 음식을 만들어 풍성한 음식 문화를 만들어 낼 수 있었다.

우리가 매일 먹는 대표적인 발효 음식인 김치도 젖산 발효를 거쳐 만들어진다. 갓 담글 때부터 신맛이 나도록 잘 익을 때까지 김치를 살펴보면 젖산균 한 종류만이 아니라 여러 종류가 작용해 맛을 바꾸어 가는 과정을 볼 수 있다. 풋김치에서는 젖산 발효가 서서히 일어나므로, 만들어진 젖산의 양도 적고 산도도 낮다. 물론 이때 pH는 7 이

하의 큰 수로 나타난다. 그러다 점차 젖산 발효가 왕성해지면서 김치 안에 쌓이는 젖산의 양이 많아질수록 산도는 높아지고 pH 또한 더 작은 수로 나타나며, 아주 신 김치가 되면 젖산이 최고로 많아져 산도도 아주 높고 pH는 아주 작은 수를 가리킨다. 젖산이 최고조에 이르고 나서는 젖산균의 활동이 느려지면서 조금씩 사라진다. 물론 김치에 들어 있는 소금의 양에 따라서도 젖산균의 활성이 영향을 받는다. 소금 양이 많아질수록 젖산균의 증식은 느려져 pH의 변화 속도도 느려진다. 풋김치의 pH가 약 5.8이라면, 1~2개월이 지난 신 김치에서는 pH가 4.2~4.4 정도로 젖산이 축적된다.

다른 젖산 발효 음식으로는 유제품이 있으며, 이 가운데 대표적인 음식으로는 치즈와 요구르트를 꼽을 수 있다. 우리가 즐겨 먹는 치즈와 요구르트도 수많은 종류가 있다. 이들 각각은 서로 다른 종류의 젖산균이 작용해 서로 다른 맛과 향을 지닌다. 발효 유제품에서 많이 쓰는 젖산균은 락토바실루스속에 속한 종이 많은데, 불가리아젖산균으로 불리는 락토바실루스 불가리쿠스(*Lactobacillus bulgaricus*)는 가장 오래전부터 알려진 종으로 요구르트를 제조하는 데 관여한다. 조금은 부끄러울 수 있으나 어떤 젖산균은 사람의 분변에서 분리한다. 이는 건강한 사람의 분변에서 채취한 미생물이라면 적어도 해로운 종류는 아니리라는 점, 우리 몸속에서 수많은 젖산균이 함께 산다는 점을 간접적으로 알려 준다. 게다가 젖산균은 그만큼 우리에게 필요한 미생물이고, 또한 우리 생활 속에서 함께 살고 있으므로 어디서든지 쉽게 찾을 수 있다는 의미가 있다.

젖산균은 대부분 젖당(乳糖, lactose)을 이용할 수 있지만, 젖당 대신 포도당만 이용하는 젖산균도 있다. 이들은 소시지를 제조하는 데 관여한다. 젖산에는 음식을 산성으로 바꾸어 다른 미생물의 생장을 억제하는 기능이 있으므로, 우리 몸에 해로운 미생물 또한 자라지 못하게 하는 효과가 있다고 알려져 있다. 또한 젖산 발효 음식은 일반 음식에 비해 안전성과 저장성이 향상된다는 장점이 있다. 어떤 젖산균은 항균성 단백질인 박테리오신(bacteriocin)을 생산해 다른 해로운 미생물의 증식을 억제할 수 있으므로, 최근에는 박테리오신을 생산하는 젖산 균주를 찾아내어 소시지나 요구르트를 제조하는 데 쓰고 있다. 또한 젖산균은 우리 몸의 면역력을 높여 주고, 몸속에서 여러 발암 물질을 변화시켜서 암세포의 증식을 억제한다고 알려져 있다. 또한 혈중 콜레스테롤의 재흡수를 막아서 혈중 콜레스테롤 수치를 낮추는 효과가 있다고 한다. 이런 특별한 기능이 있는 젖산균은 우리 몸속에서는 건강을 지키는 데 큰 도움을 주고 있으며, 몸 밖에서는 젖산 발효를 일으켜 우리 건강을 지키는 데 필요한 여러 발효 음식을 만들어 주는 귀중한 미생물이다.

뚝배기보다
장맛

우리 음식에 빠지지 않는 콩

우리는 오래전부터 이 땅의 자연과 환경에 알맞은 농산물을 길러 여러 종류의 발효 음식을 만들어 먹는 문화를 발전시켰다. 그 가운데 대표적인 종류인 장류로는 간장과 된장, 고추장을 꼽는다. 이들은 콩으로 쑨 메주를 이용해 담근 것이 대부분이다. 간장과 된장은 당연히 메주로 만든 것이고, 오래 묵히지 않고 바로 먹을 수 있는 막장이나 쌈장도 메주 없이는 만들 수 없으며, 고추장도 고추장메주로 만든다.

간장이나 된장, 고추장은 그 자체로 음식의 한 종류이지만, 대부분 음식의 맛과 간을 내는 양념으로 더 많이 쓰인다. 간장은 전이나 부침개를 먹을 때 간을 더하고자 찍어 먹는 용도로 밥상 위에 올려 두는 경우가 더 많다. 된장과 고추장도 마찬가지로, 다른 반찬을 만드는 데 양념이나 조미료로 자주 쓰인다. 음식에 짠맛을 내는 데는 소금을 쓰지만, 감칠맛까지 더하려면 간장이나 된장을 쓰기도 한다. 짠맛과 함께 감칠맛까지 내고자 할 때 경우에 따라서는 멸치액젓을 쓰는데, 이렇게 음식에 넣는 멸치액젓을 장으로 보아 흔히 '멸장'이라 부르기도 한다.

우리 음식에는 짠맛을 내는 장류가 빠지지 않고 들어가며, 이 장류 중에서는 메주를 빼놓을 수 없다. '콩으로 메주를 쑨다 해도 믿지 못한다.'라는 옛 속담이 있다. 메주를 콩으로 쑤듯이 당연한 것을 말해도 전혀 믿을 수 없다는 뜻으로 하는 말이다. 그만큼 콩은 우리 언어 생활에 깊숙이 들어와 있는, 우리에게 잘 알려진 곡물이다. 이 콩에 붙어 다니는 곡식이 팥이다. '콩 심은 데 콩 나고, 팥 심은 데 팥 난다.'라는 속담이나 '콩쥐 팥쥐' 설화에서 알 수 있듯이 콩과 팥은 우리에게 쌀과 보리만큼이나 친숙하다.

콩의 원산지는 한반도와 만주 지역이다. 한편 쌀의 원산지는 인도와 방글라데시에서 태국, 인도네시아 등의 동남아시아까지 걸쳐 있다. 그럼에도 우리 주변을 보면 농민들이 정성을 들여 벼를 재배하고 있는데, 이는 본래 따뜻한 지역에서 자라던 볍씨를 사람들이 위도 높은 지역으로 가져와 재배한 것이다. 원산지와 다른 환경에 적응하기가 쉬운 일은 아닐 터이나 우리는 새로운 환경에 잘 적응하는 벼 품종을 개량하고 재배 기술 또한 발전시켜서 벼를 더 많이 수확할 수 있었다.

우리에게 필요한 농작물이 자라기에 좋은 환경을 만들어서 재배하는 일을 일컬어 농사(農事)라 한다. 농사의 기본은 우선 작물이 자랄 땅을 확보하는 것이다. 사람들은 농사짓기에 적당한 곳이면 평지는 물론 산비탈에도 땅을 파고 흙을 북돋아 밭을 만들고 씨앗을 뿌린다. 그런데 단단히 굳어 있던 땅이나 비탈진 산등성이를 개간해 처음으로 일군 밭은 웬만큼 노력하지 않고서는 기름지게 만들기 어렵다. 기름지다는 것은 물기가 남아 있을 만큼 흙과 모래의 비율이 알맞으며 부식 물질이라는, 다시 말해서 퇴비라고도 하는 유기물 성분이 풍부해서 흙의 색깔도 거무스레하고 작물이 살아가기 알맞은 환경을 말한다. 이처럼 기름진 밭은 금방 만들어지지 않고, 오랜 시간 정성을 다해 가꿀 때에야 비로소 이루어지는 것이다.

사람들은 처음으로 개간한 척박한 땅에는 어김없이 콩 종류의 작물을 심는다. 게다가 식량 한 톨이 아쉬울 판인데도 첫해에 거둔 수확은 고스란히 땅에 되돌려 준다는 마음으로 농사를 짓는다. 농사꾼의 말에 따르면 콩은 비료를 많이 주지 않아도 잘 자란다고 한다. 콩은 리조비움(*Rhizobium*)속에 속하는 뿌리혹세균과 공생한다. 따라서 뿌리혹세균이 만들어 주는 영양분을 얻어 알차게 살아가는 것이다. 한편 뿌리혹세균은 콩의 뿌리에 자리를 잡아 살아간다. 뿌리혹세균은 공기 중에 떠다니는 질소를 붙잡아 고정한 후, 질소 성분이 들어 있는 영양분을 만들어 콩에 넘겨 준다. 이처럼 공중 질소 고정균인 리조비움속은 콩과 식물과 공생하면서 질소를 고정하는 대표적인 세균이다. 이들 덕분에 흙은 저절로 비옥해지고 콩은 잘 살 수 있다.

뚝배기보다 장맛

실제로 질소 고정균(이 말은 세균만 아니라 다른 종류의 미생물도 아우른다.)은 콩이 생장하는 것을 도울뿐더러 지구의 생명을 유지하는 것 또한 돕는다. 질소 고정 세균은 크게 두 종류로 나뉘는데, 하나는 식물과 공생하며 이익을 서로 나누는 종류이고 다른 하나는 흙이나 물속에서 독립 생활을 하면서 질소 순환 과정에서 중요한 역할을 하는 종류이다. 식물과 공생하며 질소를 고정하는 질소 고정균으로는 앞서 나온 리조비움이 대표적이다. 리조비움은 특정 식물과만 공생하는 특이성을 보인다. 강낭콩의 질소 고정 세균은 토끼풀에서 뿌리혹을 만들지 않는다는 뜻이다. 이것을 아는 농민들은 작물에 맞게 균주를 접종한다. 요즈음에는 유전 공학 기법을 통해 더욱 효과적인 공생균을 개발하고자 노력하고 있다.

시간이 빚어 만든 맛

질소는 대기 구성 성분의 약 80퍼센트를 차지하며, 단백질이나 다른 생명 물질을 구성하는 데 필수적이다. 질소를 고정하는 미생물 가운데 식물과 공생하지 않고 독립 생활을 하는 종류로는 아조토박터(*Azotobacter*)가 널리 알려져 있으나, 그보다는 오히려 바이예린키아(*Beijerinckia*)나 클로스트리듐(*Chlostridium*) 등이 고정하는 질소의 양이 더 많다. 각 미생물이 한 해에 1에이커당 고정하는 질소의 양을 따져 보면 리조비움이 약 93킬로그램, 시안 세균이 약 8킬로그램, 아조토박터가 약 0.1킬로그램이며, 질소 고정 비율이 종마다 큰 차이가 있음을 알 수 있다.

요즈음 쓰이는 비료는 독일의 화학자 프리츠 하버(Fritz Haber)가 개발한 방법으로 공장에서 생산된다. 수소와 질소를 섭씨 400도의 고온, 고압 상태에서 철을 촉매로 반응시켜 암모니아를 생산하는 것이다. 암모니아는 질산으로, 다시 질산염으로 바뀌면서 비료가 된다. 이러한 생산 과정에는 많은 에너지와 비용이 들어간다. 하지만 효과가 빠르고 간편하기 때문에 점점 더 많이 쓰이는 경향이 나타나는데, 그렇다 보니 필요 이상으로 많이 쓰여서 오염 문제가 발생하기도 한다. 여기에도 사람들이 관심이 쏠리고 있다. 과학자들은 미생물을 이용해 질소를 고정하는 환경 친화적인 방법의 연구·개발에 많은 노력을 기울이고 있다. 질소 고정 미생물은 질소 효소(nitrogenase)를 이용해 질소를 고정하므로, 하버법처럼 고압이나 고온의 조건을 만들어 낼 필요가 없다. 그래서 미생물이 만드는 질소 고정은 환경 친화적이라 할 수 있다.

공기 중의 질소를 고정하는 것뿐만 아니라, 질소를 순환시키는 과정에서도 미생물은 중요한 역할을 한다. 미생물은 두 가지 방법으로 질소를 순환시키는데, 하나는 사체나 배설물 따위를 분해해 그 안에 있던 질소를 내놓는 것이다. 다른 하나는 질소 기체를 대기 중으로 되돌려 보내어 질소 순환을 마무리하는 것이다. 미생물이 순환시키는

뚝배기보다 장맛

질소의 양은 계산에 따라 차이가 있겠으나 연간 1에이커당 약 109톤으로 예상된다. 하버법에 따라 생산되는 비료가 25퍼센트, 번개 등 다른 작용에 따라 만들어지는 것이 15퍼센트라면 나머지는 대부분 미생물이 순환시킨다고 보아야 한다. 즉 화학 비료를 생산하지 못한 과거에는 필요량의 대부분을 미생물이 만들어 주었다고 해도 틀림이 없는 것이다. 옛 어른들이 "번개가 많은 해에는 수확이 많다."라고 말한 이유를 이제 조금이나마 이해할 것 같다.

잠깐이라도 없어서는 안 되는 공기의 중요성을 우리가 평소에는 느끼지 못하는 것처럼, 식물에게 필요한 질소 성분의 약 60퍼센트를 미생물이 공급한다는 사실을 우리는 좀처럼 생각하지 못한다. 그렇지만 미생물은 섭섭하다고 푸념하지도 않고, 지금껏 해 온 것처럼 자신의 일을 충실히 해 나간다.

이렇게 토양을 비옥하게 하는 콩을 재료로 하는 장류가 발달한 것이 우리 식문화이다. 우리나라의 장류를 비롯한 발효 음식은 지금까지도 우리 식생활에서 중요한 몫을 차지하고 있다. 우리나라 발효 음식의 주요 특징으로는 다른 맛과 섞여도 제맛을 낸다는 점, 오랫동안 상하지 않는다는 점, 비리고 기름진 냄새와 맛을 제거해 어떤 음식과도 조화를 잘 이룬다는 점을 꼽을 수 있다.

이와 관련해서 한 가지 일화가 전한다. 전주에서 오랫동안 비빔밥 집을 운영하다가 사정이 있어 문을 닫은 할머니 사장님께 단골손님들이 찾아가 비빔밥을 다시 맛볼 수 있도록 가게 문을 열어 달라고 부탁

했다고 한다. 이때 할머니 사장님의 대답은 "한 3년은 기다려야 하는 디……"였다는 것이다. 비빔밥이 예전의 제맛을 갖추려면 맛을 내는 간장과 된장, 고추장부터 준비해야 하므로 적어도 3년은 기다려야 한 다는 뜻이다. 오랜 시간을 기다린 보람이 있어 손님들은 제맛이 나는 비빔밥을 다시 맛볼 수 있었다는 것으로 이 이야기는 끝난다. 우리 발 효 음식은 이처럼 시간이 빚어 만든 맛을 낸다. 우리 음식의 맛과 간을 좌우하는 장류는 전통 발효 음식의 대표적인 종류라고 할 수 있다.

집집마다 제각각, 간장의 맛

콩을 재료로 하는 장류의 제조법은 간단히 다음과 같다. 먼저 전 통적인 간장, 즉 재래 간장(조선간장이라고도 한다.)은 된장처럼 메주로 부터 만들어진다. 우선 장에 필요한 메주를 만드는 방법부터 보자. 일 손에 틈이 나는 쌀쌀한 가을날 거두어들인 메주콩을 물에 불린 다음, 충분히 삶아 뭉칠 수 있도록 절구에 찧어 적당한 크기의 직육면체 모 양으로 빚는다. 이 메주 덩어리를 방에 며칠 동안 그대로 두고 마르면 서 굳기를 기다렸다가 볏짚으로 묶어 겨우내 따뜻한 방안에서 선반 에 올려놓거나 시렁에 매달아 둔다. 봄이 되면 큰 메주 덩어리는 반으 로 나누어 작게 만든 다음 볏짚을 풀어서 여러 덩이를 포개어 쌓고 그 위에 덮개를 씌워 따뜻한 방안에서 메주 곰팡이가 잘 필 때까지 더 띄

운다. 그 후에 메주 덩이를 꺼내어 햇볕에 말렸다가 날을 잡아 장을 담근다. 메주 덩이를 따뜻한 방안에 보관하는 동안 볏짚이나 공기에서 여러 미생물이 자연적으로 들어가 자리를 잡으면서 메주가 잘 뜬다.

메주 덩이에 자리 잡아 잘 자란 발효 미생물은 콩 성분을 분해할 수 있는 단백질 분해 효소와 전분 분해 효소를 갖고 있으므로 메주를 작은 성분으로 잘 분해시킬 수 있다. 동시에 간장의 고유한 맛과 향기를 내는 미생물도 자리 잡아 더 많이 번식한다. 이렇게 발효 미생물이 잘 자란 메주를 소금물에 담가 간장을 만드는데, 시기와 지역이 다르면 기온도 달라지므로 장에 넣는 소금물의 염도나 발효 기간 또한 달라진다. 적당한 크기로 쪼갠 메주 덩이를 항아리에 반 정도 채우고 미리 만들어 놓은 소금물을 가득 채운다. 메주와 소금과 물의 비율은 보통 1 대 1~1.2 대 3~4 정도로 맞춘다. 간장을 많이 만들려면 메주와 물의 비율을 1 대 4 정도로 하고, 간장과 된장을 함께 얻으려면 1 대 3 정도가 적당하다. 기온이 높을 때는 증발하는 수분을 고려해서 소금물을 조금 더 많이 넣는다. 메주와 함께 담은 소금물을 햇빛이 잘 드는 곳에 놓고 매일 뚜껑을 열어 햇빛을 많이 받도록 하면서 두 달 가까이 발효시킨다. 발효 기간이 지나면 메주 덩이를 건져 낸 다음 체로 쳐서 간장을 얻는다.

조선간장이라고도 부르는 재래 간장에는 청장과 진장이 있으며, '맑은 간장'이라는 의미를 지닌 청장은 국간장으로 많이 쓴다. 청장은 처음부터 메주보다 소금물을 많이 넣고 담근 간장이기에 비교적 맑은 색깔을 띠고 묽다. 따라서 음식 색을 변하지 않게 하면서 맛을 내는 양념으로 널리 쓰인다. 담근 지 오래되지 않은 청장의 염도는 시장에서 판매되는 진간장보다 높은 20퍼센트에 이른다. 장을 담갔다가 바로 된장과 분리한 간장은 날간장으로, 날간장은 쉽게 상할 수 있으므로 열을 가해 졸여서 비교적 안전한 햇간장으로 만든다. 그해 바로 담근 간장인 햇간장은 언뜻 청장으로 보일 수도 있다.

청장과 달리 진장은 여러 해 동안 묵혀서 맛과 색이 진해진 간장을 말하며 흔히 진간장이라 부른다. 진장은 숙성되는 동안에 콩의 단백질과 당질, 그리고 지방 따위가 분해되면서 만들어진 아미노산과 유기산, 유리당 등의 성분이 더해져 독특한 맛과 향을 낸다. 재래 간장은 메주의 발효 정도, 소금의 양, 메주와 소금물의 비율, 숙성되는 동안의 관리법 등 여러 요소가 복합적으로 작용해 만들어지기 때문에, 집집마다 서로 다른 독특한 장맛을 갖기 마련이다. 이는 우리 문화 속에서 음식 문화의 다양성을 보여 준다.

된장의 구수한 맛

그런가 하면 간장을 뒤따르는 발효 음식이 바로 된장이다. 옛날부터 가정에서 만들어 온 재래 된장은 메주를 소금물에 담그고 발효시켜 만든다. 대체적인 발효가 마무리될 때 메주 덩어리를 걸러 내고

뚝배기보다 장맛

액체만 따로 모아 만든 것이 간장이라면, 걸러진 메주 덩어리에 소금을 더 넣어서 다른 항아리에 재워 둔 것이 바로 재래 된장이다. 한편 봄에 담근 된장이 부족할 때는 메주에 소금과 따뜻한 물을 붓고 온기가 있는 곳에서 발효시켜 속성으로 만들기도 한다. 속성 된장은 바로 먹을 수 있다는 뜻에서 막장, 또는 담북장이라고도 부른다. 간장은 짠장을 뜻하고 된장은 되직한 장을 말하는 것처럼 막장은 막 먹는다는 뜻에서 나온 것이다. 한편 막장 같은 가공 된장에 고추장을 섞거나 고춧가루 등의 양념을 함께 넣어 연한 고추장처럼 만들어 먹기도 하는데, 이를 쌈장이라고 부르며 막장처럼 먹기도 한다.

고추장은 고춧가루를 넣어 발효시킨 장으로, 고춧가루만이 아니라 고추장메주와 찹쌀이 함께 발효된 것이다. 고추장메주는 시루에 쪄 낸 찹쌀가루를 약 20퍼센트의 비율로 삶은 콩과 섞고 절구에 찧어 메주처럼 덩어리를 만든 다음 콩 메주와 같은 방법으로 자연적인 발효와 건조를 거쳐서 만든 것이다. 이 고추장메주를 가루로 만들어 찹쌀밥에 섞고 적당한 양의 물을 더해 반죽한 다음에 따뜻한 방안에서 덮개를 씌워 두면 호화 작용이 일어나 반죽이 연해진다. 여기에 고춧가루와 소금을 넣고 골고루 섞은 후 항아리에 담아 햇볕에서 일정한 기간 놓아두고 숙성시키면 고추장이 된다.

요즈음에는 고추장을 빨리 숙성시키고자 효소제를 첨가하기도 한다. 예를 들어 엿기름가루를 물에 풀어서 당화 효소 액을 만들고 이 것을 녹말과 반죽한 다음 섭씨 60도 정도에 놓아두어 당화 과정을 일으킨 다음, 여기에 메주 가루, 고춧가루, 소금을 넣어 반죽하는 것도 한 가지 방법이다. 고추장은 녹말이 가수 분해되면서 만들어진 당분의 단맛, 메주콩 단백질이 가수 분해되어 만들어진 아미노산의 구수한 맛, 고춧가루에 있는 캡사이신(capsaicin)의 매운맛, 그리고 소금의 짠맛이 잘 조화되어 고추장 특유의 맛을 낸다. 따라서 고추장은 원료의 배합 비율과 숙성 조건에 따라 성분과 맛이 달라지는데, 고추장에서는 콩의 일부를 전분질 원료로 바꾸어 주므로 된장에 비해 단백질함량이 적은 대신 당분이 많은 것이 특징이다. 또한 고추장의 가장 대표적인 특징은 간장이나 된장과 달리 매운맛을 낸다는 점이다. 고춧가루가 매운맛을 내는 것은 고춧가루의 성분 중에 캡사이신이 있기 때문인데, 그 함량은 0.01~0.02퍼센트이다. 한편 고춧가루의 빨간색은 캡산틴(capsanthin)이라 불리는 카로티노이드 때문이다. 고추장의 매운맛은 자극성이 있어 우리의 식욕을 돋우는 효과가 있다. 우리가 고추장을 애용하는 것도 바로 이 때문이다. 그러나 고추장을 너무 많이 먹으면 위장의 점막을 자극해 소화 기관을 해칠 수 있다. 우리나라에서 위암이 많은 것도 이러한 자극성 음식을 많이 먹기 때문이 아닌가 여겨진다.

발효 음식으로 널리 알려진 간장, 된장, 고추장과 함께 꼽히는 것이 청국장이다. 청국장은 우리나라의 전통 발효 음식 가운데 하나이지만 청국장이 풍기는 시큼한 냄새 때문에 요즈음 사람들이 식탁에서 멀리하곤 하는 음식이다. 이처럼 냄새가 독특한 청국장은 바실루스(*Bacillus subtilis*), 다른 말로 고초균이라고도 하는 세균이 발효시킨다. 고초균은 콩에 들어 있는 단백질을 작은 조각의 아미노산으로 분해하므로 콩 단백질의 소화 흡수율을 높여 주는데, 최근 연구 결과에 따르면 이 세균은 장내 부패균의 활동을 약화시키고 병원균에 대한 항균 작용을 하는 서브틸린(subtilin)이라는 항생 물질을 만든다고 한다. 이와 같은 항생 물질을 만들어 내는 고초균이 우리 몸속에서 부패균의 활동을 억제함으로써 결과적으로는 부패균이 만드는 각종 발암물질이나 암모니아, 인돌, 아민류 등을 감소시켜서 우리 몸을 건강한 상태로 유지하는 효과를 낸다.

청국장을 만드는 전통적인 방법은 아주 어렵지는 않다. 먼저 콩을 물에 불렸다가 잘 삶은 다음 적당한 크기의 그릇에 담아 볏짚과 섞어 주는데, 이때 볏짚 안에 들어 있는 균주가 삶은 콩으로 이동해 발효가 일어난다. 섭씨 37~42도, 습도 약 80퍼센트가 유지되는 공간에 볏짚과 섞은 콩을 두면, 2~3일 후 콩 표면에 발효의 흔적이 나타난다. 시간이 지나 발효가 더 진행되면 갈색의 발효 흔적 또한 더 진해지고, 끈적끈적한 하얀 실이 생겨난다. 이 실이 많아질수록 더 좋은 청국장이 만들어지는 것이라고 알려져 있다. 청국장을 담글 때 쓰는 삶은 콩은 부스러뜨리지 않고 콩 모양 그대로 유지시키며, 이것이 된장과 다른 점이다. 요즈음에는 전기 보온 밥솥이 있는 집이 많아서, 보온 밥솥에 청국장을 담가서 더욱 간편하게 청국장을 먹기도 한다. 물론 이때 볏짚을 섞지 않아도 되는데, 그만큼 우리 주변에 고초균이 널리 퍼져 있기 때문에 누구나 손쉽게 만들 수 있는 것이다. 고초균은 청국장에 만 들어 있지 않고 간장과 된장에도 들어 있다.

우리나라에서는 오래전부터 집집마다 필요한 만큼 장을 담가 먹었기에 집집마다 서로 맛이 다른 음식을 만들어 먹는 것이 당연했다. 그러기에 우리의 음식 문화는 자연스레 다양성이라는 장점을 갖게 되었고, 집집마다 음식 맛이 다른 만큼 '뚝배기보다 장맛'이라는 말에 당연히 공감할 수밖에 없었다. 그러다가 우리 음식 문화는 시대가 바뀌면서 어쩔 수 없는 변화를 겪게 되었다. 우리나라로 이주해 오던 일본인의 수요를 충당하기 위해 1885~1886년 부산에 한반도 최초의 소규모 장류 제조 공장이 세워지면서 우리 장류의 산업화가 시작되었다. 일제 강점기에는 집에서 장 담그고 김장하는 노력과 시간, 비용을 줄이면서 음식 산업을 키우고 시장 경제 체제로 바꾸어 보려 했으나 큰 효과를 얻지 못했다. 그러나 점차 생활 수준이 나아지면서 사람들이 생활의 편리함을 좇다 보니 음식 문화까지 많이 바뀌었다. 이제는 집에서 장을 담그는 비율도 훨씬 줄어들고 시판되는 제품에 대한 수요가 더욱 커졌다. 그러한 중에도 많은 사람이 우리 음식 문화 가운데에서도 발효 음식의 우수성을 알고 찾으면서 구수한 장맛을 점차 그리워하고 있다. 이처럼 오랫동안 우리 생활 속에서 자리 잡았던 발효 음식에 대한 우리의 관심은 장맛처럼 크게 흔들리지 않고 오래도록 지켜질 것이다.

뚝배기보다 장맛

미생물이 자란다,
김치가 익는다

집안의 큰 행사, 김장

사계절의 차이가 뚜렷한 우리나라에서는 추운 겨울을 대비해 여러 먹을거리를 마련해야 했다. 한 해를 마무리하면서 들판에서 자란 벼를 거두어들여 겨우내 가족이 먹을 식량을 확보했다고 하지만, 주식으로 먹는 밥과 함께 식구들이 먹을 반찬을 마련해야 하는 이들의 마음과 손길은 겨울을 앞두며 더욱 바빠질 수밖에 없었다.

날씨가 춥고 밤이 긴 겨우내 온 식구가 매끼 반찬으로 먹었던 대표적인 음식이 바로 김치이다. 물론 김치는 오직 한 종류만 있지 않고 배추김치나 동치미, 깍두기, 보쌈김치, 갓김치, 파김치 등 여러 가지가 있다. 게다가 온 식구가 먹을 반찬이므로 집집마다 담가야 하는 김치의 양도 결코 만만치 않을 것이다.

그래서인지 몰라도 김치를 담그는 날은 집안에서 잔치를 벌이는 것처럼 시끌벅적할 수밖에 없다. 식구가 많은 집안에서는 담그는 김치 종류와 양도 많으므로 온 식구가 참여해도 부족한 일손을 채우기 힘들 정도이다. 그리하여 가까운 친척이나 이웃이 함께 모여 품앗이를 하듯이 김치를 담그고, 또 이렇게 담근 김치를 서로 나누어 갖기도 한다. 이처럼 입동(立冬) 전후에 사람들이 함께 모여 겨울 동안에 먹을 김치를 담그고 나누는 것을 가리켜 '김장'이라고 한다. 지금도 겨우내 먹을 김치를 담그는 것을 "김장한다."라고 부르며, 그렇게 담가서 겨우내 보관하는 김치를 '김장 김치'라 부른다.

김장하는 날은 손이 덜 타고 살(煞)이 끼지 않는 날로 잡았다. 이는 종교적인 믿음보다는 오히려 마음에서 우러나오는 정성의 표현이라고 하는 것이 알맞다. 김장하는 날에는 집안사람들 사이에 오가는 대화마저 조심스럽기만 하다. 그만큼 김장은 몸과 마음으로 정성을 기울여 준비하는 집안의 큰 행사라고 할 수 있다.

우리나라 사람들이 먹는 김치는 당연히 배추김치가 중심을 이루지만 그 외에도 수많은 종류가 있다. 또한 같은 김치라 하더라도 지역에 따라, 집집마다 맛이 다르다. 이처럼 김치 맛이 다른 것은 지역적인 차이 때문이기도 하지만, 어떤 재료를 준비하는지, 또 재료를 어떻게 쓰는지 등 집집마다 맛을 내는 비결이 다르기 때문이다. 이는 세대를 거듭하며 이어져 내려오는 집안의 고유한 문화 유산이라고도 할 수 있다. 이렇게 집안 대대로 물려받은 고유한 맛의 비결은 이웃과 품앗이 형태로 한데 어울리는 김장 문화를 통해서 서로 섞이기도 했다.

맛있는 김장 김치란 무엇인가

김장 김치를 담그는 방법은 다음과 같이 요약해 볼 수 있다. 속이 꽉 들어찬 노란 배추를 두 등분, 아니 네 등분으로 나누어 소금에 절인다. 단맛이 풍기는 무를 채 썰고 파를 듬성듬성 잘라 내며, 고춧가루, 마늘, 생강 등 갖은 양념과 함께 맛깔스러운 젓갈이며 생굴까지 버무려 속을 만든다. 이 속을 절인 배추 잎사귀 사이사이에 끼워 넣어 항아리에 켜켜이 담아, 겨우내 땅에 묻어 익힌다. 이것이 김장 김치이다.

김장은 속이 잘 든 배추를 골라 반으로 쪼개고, 더 큰 것은 반의반으로 쪼개 절이는 일부터 시작한다. 솜씨 좋은 이는 오랜 경험을 바탕으로 맛있는 배추를 고르는 눈썰미가 있다. 무조건 큰 것이 아니라, 작아도 고소한 배추를 골라야 맛있는 김장을 할 수 있다.

배추를 절이는 소금도 막소금이 아니다. 한여름에 수확한 양질의 소금을 미리 구해 보관하면서 간수를 빼고 갈무리해 두었다가 김장할 때 물에 푼다. 이렇게 만든 소금물에 쪼갠 배추를 담갔다가, 큰 대야 따위에 옮겨 담으면서 그 위에 소금을 다시 뿌려 가며 절인다. 보통 배추는 12시간 정도 절이므로 대개는 오후에 절이기 시작하기 마련이다. 그래서 사람들은 밤중이나 새벽에 잠을 설치면서도 일어나

미생물이 자란다, 김치가 익는다

한두 번씩은 배추를 뒤집으며 절인다. 배추를 절일 때에도 소금 농도가 너무 높으면 배추가 그야말로 파김치처럼 축 늘어져 버린다. 그렇다고 해서 소금을 적게 넣으면 뉘여 놓은 배추 속잎이 바짝 고개를 쳐든다. 배추를 절일 때 쓰는 소금물의 농도는 대체로 5~6퍼센트 정도이다. 어쨌거나 김장을 하는 사람은 좋은 소금을 마련해 배추를 절이는 일부터 온갖 정성을 기울인다.

김치에는 배추와 무를 비롯한 채소 외에도 많은 것이 들어간다. 양념으로는 고추, 마늘, 생강, 파, 갓, 미나리 등이 들어가고, 젓갈류로는 새우, 멸치, 조기, 오징어, 굴 등이 첨가되며, 과일류로는 잣, 밤, 사과, 배 등을 넣기도 하고, 그 외에 들깨, 호박, 죽순, 참깨 등을 곁들인다. 이러한 재료가 한꺼번에 다 들어가는 것은 아니고 지역에 따라, 김치를 담그는 사람과 가족의 기호에 따라 적당히 들어가거나 빠지기 마련이다.

우리 음식에서 '갖은 양념'이란 적당한 양의 양념이라는 뜻으로 쓰이는데, 실제로 우리 음식에 들어가는 양념의 종류는 그리 많은 편이 아니다. 김치에만 들어가는 것이 따로 있지 않고 종류도 그리 많지 않으며 대부분 다른 음식에도 들어간다. 음식에서 빼놓을 수 없는 양념은 1년 내내 부엌에 놓아두고 조리할 때마다 필요한 만큼 덜어 내어 이용한다. 이때 '적당히'라는 표현은 가장 맛있는 정도에 이르게 하는 경험적인 양이라고 생각해도 무리가 없다. 예전에 우리나라 부엌에서 쓰던 옹기그릇 중에는 양념 단지도 있는데, 작은 단지 모양의 그릇 두 세 개를 허리끼리 붙이고 위쪽으로 손잡이를 무지개처럼 이어 붙였다. 경우에 따라서는 단지 서너 개를 붙인 가운데에 작은 단지를 하나 더 얹었으며, 많게는 단지 다섯 개를 붙인 양념 단지도 있기는 하다. 이를 보아도 우리 음식에서 사용하는 양념의 종류가 그리 많지는 않다는 사실을 알 수 있다.

김치 안에 스며드는 미생물의 힘

김치는 자연 발효를 따르기 때문에 재료나 계절에 따라 다른 미생물이 관여한다. 김치가 발효하기 위해서는 효모나 유산균 등의 미생물이 번식해야 하며, 시간이 필요하다. 그래서 김치나 고추장을 담글 때에는 찹쌀가루나 멥쌀가루, 또는 밀가루로 풀을 쑤어서 넣어 준다. 풀에 들어 있는 전분을 비롯해 양념과 젓갈류의 영양 성분은 미생물이 쉽게 자라게 하는 일종의 배지 역할을 담당한다.

물론 절인 채소는 소금 때문에 일반적인 미생물이 잘 살 수 없는 환경이다. 하지만 이 풀은 김치를 익히는 젖산균의 활동을 촉진하는 조건을 마련해 준다. 이처럼 원하는 미생물이 처음부터 자리 잡아서 자라기 힘들 때 잘 자라게끔 돕는 것이 앞에서도 나온 시동 배양이다. 배추나 무뿐만 아니라 김치 속에도 포함되어 있는 여러 효소에 의해서 김치는 익을 수 있지만, 김치 안에 들어 있는 미생물에 의해 더욱 효과적으로 발효된다.

김치 발효균은 주로 젖산균이지만, 초기에 번식하는 호기성 세균도 김치가 익는 과정에 관여하면서 나름대로 독특한 맛을 내는 데 도움을 준다. 김치에 들어 있는 효모는 그 수가 세균에 비해 훨씬 적지만 여러 효소를 갖고 있어서 김치의 여러 탄수화물을 분해한다. 또한 김치의 유산균은 당을 분해해 시큼한 맛을 낸다. 잘 익은 김치 국물에서 시큼한 맛이 나는 것은 바로 이 유산균이 내놓은 젖산 때문이다. 이 안에는 유산균이 무더기로 들어 있다.

젖산이 축적되면 김치는 산성(pH 3.5~4.5)으로 바뀌는데, 젖산균이나 효모는 산성에서도 거뜬히 살아남을 수 있다. 반면 굴이나 생선을 썩히는 부패 원인균들은 주로 중성(pH 7) 근방에서 살기 때문에, 잘 익은 김치 안에서는 힘을 펴고 살아갈 수 없다. 그래서 김치를 담글 때 함께 넣는 생선이나 굴 따위의 해산물이 잘 익은 김치에서도 삭아 없어지지 않고 모양이 그대로 남아 있는 것이다. 이들은 내용물이 다 빠지더라도 겉모습은 그대로 유지되면서 미라처럼 남아 있다.

김치가 익는다는 것은 유산균에 의한 발효가 일어나는 것이며, 발효되는 정도는 재료나 온도 등의 조건에 따라 달라진다. 또한 미생물이 만들어 내는 성분들이 여러 맛을 더하면서 특색 있는 김치 맛을 완성한다. 김치가 익어 가는 시간에 따라 맛이 다른 것도 모두 미생물의 발효 정도가 다른 데에서 비롯한다.

김치의 발효에 도움을 주는 미생물로는 약 200종류의 세균과 여러 종류의 효모를 꼽을 수 있다. 발효가 시작되면서는 호기성 세균과 혐기성 세균의 증가가 두드러져 보인다. 하지만 김치가 익으면서 호기성 세균의 숫자는 점점 줄어들어서, 완만한 증가를 보이는 효모의 숫자와 비슷한 수준에 다다르게 된다. 그러나 혐기성 세균의 숫자는 김치가 익어 가면서 증가해, 잘 익은 김치에서는 이들이 대부분을 차지한다. 이 혐기성 세균들은 김치를 숙성시키는 데 관여하는 류코노스톡 메센테로이데스(*Leuconostoc mesenteroides*), 강한 산성에서도 잘 살 수 있는 락토바실루스 플란타룸(*Lactobacillus plantarum*) 등을 비롯한 유산균이다.

김치가 다른 음식과 달리 오랫동안 보관하더라도 썩지 않고 맛있게 익는 것은 소금이 중요한 역할을 하기 때문이다. 채소를 소금에 절이면 삼투압 때문에 물기가 빠져나간다. 한편 소금은 채소에 침투해 채소의 풋내 등을 제거하고 씹기 알맞은 정도로 물러지게 한다. 소금에 들어 있는 마그네슘을 비롯한 염류는 채소 조직의 펙틴(pectin) 성분을 경화(硬化)시켜 아삭아삭 씹히는 김치의 독특한 질감을 만들기도 한다. 이와 함께 소금은 채소의 부패 미생물과, 조직을 무르게 하는 연화 효소 등의 활동을 정지시키는 작용을 한다.

음식에 조금씩 넣어서 짠맛을 내는 데 쓰이는 소금은 옛날부터 우리 식문화에서 귀중한 양념으로 대접받았다. 해안가에서는 소금이 그리 귀한 줄 몰랐겠지만, 내륙 지방에서는 아주 귀한 재료로 대접받았다. 김장을 할 때에도 한여름에 수확한 소금을 구해다 2~3년 동안 보관하면서 소금에서 우러나오는 간수가 충분히 빠진 후에 쓴다. 간수는 쓴맛이 강해서, 바로 수확한 햇소금을 음식물에 넣으면 쓴맛이 난다는 것을 옛사람들은 이미 경험으로 알았기 때문이다.

음식물에 소금을 첨가해 부패를 막고 보존 기간을 늘리는 것을 염장법이라 한다. 채소를 절일 때에도 소금물의 농도가 8~10퍼센트 정도가 되면 토양에 있던 여러 세균이 살균되며, 부패 원인균과 기타 잡균은 대부분 활동력이 억제된다. 그러나 젖산균은 비교적 높은 소금 농도에서도 번식력을 유지하며 소금의 삼투압 작용에 의해 외부로 빠져나온 채소의 당 성분을 먹이로 발효를 왕성하게 계속한다. 잘 익은 김치가 겨울을 지나도록 무르지 않고 제 모습을 유지하는 것은 소금과 함께 젖산균이 발효 과정에서 만들어 낸 젖산 때문이다. 일반적으로 김치는 소금 농도가 2~3퍼센트 정도일 때 간이 알맞고 맛이 좋다. 김치의 소금 성분과 발효 과정에서 생긴 젖산 때문에 부패균의 번식은 점점 더 억제되지만, 효모나 젖산균은 내염 및 내산성이 강해 이 정도의 소금 농도와 산도에서도 번식이 가능하다.

김치를 오래 보관하다 보면 공기와 접촉한 표면에 부패균이 종종 발생하는 것을 볼 수 있다. 따라서 김치가 공기와 접촉하지 않도록 막는 것이 중요하다. 오이지나 동치미를 담글 때에 납작한 돌로 누르는 것도 오이나 무를 김치 국물에 잠기게 해서 공기 접촉을 막아 부패를 방지하려는 것이다. 경우에 따라서는 김치를 비닐 봉지에 담아 보관하는 것도 공기 접촉을 피하는 방법이 된다. 김장 김치를 항아리에서 꺼내 먹을 때에도 남은 김치가 국물에 잠겨 있도록 꾹꾹 누르거나 넓은 배춧잎으로 덮는 것이 모두 같은 이치이다.

우리 문화가 살아 숨 쉬는 김치

김칫독 맨 위에 김치를 덮는 넓은 배추 이파리를 우거지라 부른다. 김치를 꺼내어 먹다 보면 마지막에 남는 것도 이 우거지인데, 나중에 이것만을 모아 국으로 끓인 것이 우거짓국이다. 물론 그냥 말린 배추 이파리도 우거지라 하는데, 말린 무 이파리를 가리키는 시래기와 혼동해 부를 때도 있다. 어쨌거나 오래전부터 김치를 먹어 온 옛사람들이 찾아낸 삶의 지혜가 여기에 있다.

김장 김치는 대부분 항아리에 담아 보관하면서 겨우내 조금씩 꺼내어 먹는다. 이 항아리는 땅속에서 겨울을 난다. 김장하는 날에는 햇볕이 덜 드는 마당 한구석에 깊은 구덩이를 파서 김치의 종류대로 담은 항아리를 여럿 묻었다. 이렇게 땅에 묻은 김장 항아리는 온도의 급격한 변화가 일어나지 않고 섭씨 영하 2도와 영상 7도 사이를 유지해, 낮은 온도에서도 자라는 유산균의 활동을 계속하게 만든다. 우리나라에서 개발된 김치 냉장고도 이러한 원리를 응용해 만든 냉장고의 새로운 모형이다. 그런가 하면 볏짚으로 엮은 치마를 김장 항아리에 입혀서, 김치를 꺼낼 때 흙이 항아리에 들어가지 않게 하는 것도 생활

미생물이 자란다, 김치가 익는다

의 자그마한 지혜였다.

김치는 여러 재료가 한데 어우러진 음식이다. 그 맛은 지역에 따라 차이가 나는데, 북쪽 지방은 비교적 싱거운 편이고 남쪽 지방은 짠맛이 더하다. 또한 같은 지역이라도 덥고 서늘한 시기에 따라 간이 다르다. 봄가을보다는 한여름에 담그는 김치가 다소 짭짤하다. 여름철에는 음식이 쉽게 변질되거나 부패할 수 있으므로 조금 짭짤하게 담가 보존 기간을 늘리는 것이다.

이렇게 같은 음식이라도 기후와 지역에 따라 맛에 조금씩 차이가 있는 것은, 그만큼 음식 하나라도 자연과 환경에 따라서 우리 몸에 가장 알맞게끔 만들어 낸 우리 문화의 한 단면이다. 이미 오래전부터 한반도 지형과 계절적인 환경 조건에 가장 알맞게 발전해 온, 또한 어쩌다 한 번으로 끝나지 않고 해마다 반복되면서 가장 적합한 방법을 개발해 낸 우리의 음식 문화인 것이다.

인류의 대표적인 문화가 되다

이처럼 오래전부터 우리가 즐겨 먹던 김치가 요즈음에는 다시 건강식품으로 새로운 관심을 끌고 있다. 물론 채소를 절인 음식은 다른 나라에도 있다. 일본의 기무치(キムチ)나 중국의 파오차이(泡菜), 서양의 오이 피클과 독일의 자우어크라우트(Sauerkraut) 등이 잘 알려져 있

다. 우리나라 김치는 이들과 어떤 점이 다를까? 음식의 국제적인 표준을 정하는 국제 식품 규격 위원회에서는 2001년 7월 우리나라의 제안을 받아들여 김치를 "배추를 절여 고춧가루, 마늘, 생강, 파, 무 등을 혼합해 젖산 발효가 이루어지게 한 음식으로, 산도는 1.0퍼센트 이하여야 한다."라고 정의했다. 이 기준에 따르면 젖산균에 의한 발효가 충분히 일어나지 않은 겉절이 등의 풋김치, 샐러드처럼 식초에 버무려 만든 기무치, 그리고 아주 신 김치는 김치 대접을 제대로 받기 어려운 셈이다.

물론 이러한 차이도 있으나, 우리처럼 모든 사람이 약속이나 한 듯이 김장을 하는 모습 또한 다른 나라에서는 찾아보기 힘들다. 이처럼 김장은 우리나라 사람들이 겨우내 먹기 위한 김치를 담그는 것 이상을 의미했다. 단순히 먹을거리를 장만하는 것만이 아니라 나눔까지도 함께 하는 공동체 의식이 담긴 문화로 자라난 것이다. 이렇듯 특별한 의미를 지닌 김장 문화는 지난 2013년 유네스코 인류 무형 문화 유산으로 등재되어 전 세계 사람이 함께 보호하고 전승하는 중요한 문화 유산으로 자리매김했다.

김장 문화가 유네스코 인류 무형 문화 유산으로 등재된 것은 단순히 김치가 우수한 영양 성분이 들어 있는 건강 음식이라는 이유에서만은 아니다. 김치를 준비하는 과정에는 봄부터 여름과 가을, 겨울에 이르기까지 1년 내내 그치지 않는 노고가 들어가야 한다는 점을 인정한 것이다. 또한 이와 함께 공동체 구성원 모두가 한마음으로 김장을 해 왔기에 김장 문화로 발전했다는 사실까지도 인정한 셈이다. 따라서 문화 유산의 이름도 그냥 '김장'이 아니라 "김장, 김치를 담그고 나누는 문화(Kimjang, making and sharing kimchi)"인 것이다.

김장은 이미 오래전부터 우리나라에 전해 내려온 음식 문화이자 생활 풍습이다. 한국 사람이라면 대다수 김치를 좋아하기 마련이고 김치를 담글 줄도 안다. 외국에 나가 사는 많은 한국인들도 어떻게 해서든지 재료를 구해다 김치를 담가 먹는다. 채소를 오래도록 저장하면서 먹기 위해 소금이나 식초에 채소를 절이는 방법은 다른 나라에서도 많이 이용한다. 그러나 김치는 맛과 영양이 풍부한 발효 식품일 뿐만 아니라 김치를 함께 담가 서로 나누어 먹는 김장이라는 문화가 더해진다. 따라서 한국인이 정착한 지역의 음식 문화와도 한데 어울려 새로운 변화를 만들어 내기도 한다.

오래전부터 우리나라 사람들은 미생물을 이용해서 맛 좋고 영양이 풍부한 발효 음식을 만들고 먹으면서 건강한 생활을 즐겼다. 지금까지도 우리는 우리나라의 자연 환경에 잘 어울리는 오래된 음식 문화의 전통을 이어받아 매일 우리 건강을 지키는 여러 발효 음식을 먹으며 건강한 생활을 지켜 나가고 있다. 이제까지 충분히 알려지지 않은 우리 발효 음식의 우수성과 과학성을 밝혀내어 새로운 산업으로 발전시키고, 더 나아가 새로운 기능과 성분을 갖춘 제품을 만들어 건강한 생활을 즐기고 뛰어난 문화 유산의 진가를 제대로 발전시키도록 힘써야 할 것이다.

3부

권력자의
사계절

미생물도
계절을 알까

가장 알맞은 삶의 조건을 찾아

기후(氣候, climate)는 한 장소의 기상 상황을 적어도 30년 이상 조사해 평균을 낸 것을 말한다. 기후를 뜻하는 영어 단어 'climate'는 본래 경사 또는 기울기라는 뜻을 지닌 그리스 어 'klima'에서 비롯했다. 기후는 대체로 서양에서 중요하게 여기는 지리적 차이, '지후(地候)'와 우리가 중요하게 여기는 24절기를 중심으로 하는 '시후(時候)'로 나누어 볼 수 있지만, 우리가 기후라는 말을 쓸 때는 이 두 의미가 다 들어가 있다. 그러므로 기후는 특정 장소에서 해마다 되풀이되는 흙과 물, 바람을 포함한 환경이 변하는 모습이라고 할 수 있다.

기후는 장소에 따라 서로 다른 것이 당연하지만, 더 자세히 살펴보면 기후가 동일한 곳에서도 항상 일정하지는 않고 조금씩 변한다는 점도 확인할 수 있다. 기후의 변화는 수십 년 또는 수백 년을 주기로 조금씩 이루어진다. 화산 폭발, 지구 공전 궤도와 자전축의 변화 등을 원인으로 꼽을 수 있지만, 최근 들어서는 인위적인 환경 오염이 더 큰 원인으로 지목되고 있다. 대기 오염, 해양 오염, 그리고 개발에 따른 자연의 변화 등 모두가 기후 변화에 크게 일조하는 요인이다.

기후를 이루는 요소로는 기온, 강수량, 습도, 바람, 일조량, 증발량 이외에도 먼지의 양과 자외선의 강도 등이 포함된다. 물론 기후는 지리적인 요소에도 큰 영향을 받아 열대, 온대, 한대, 산악, 사막과 같은 기후형으로 나뉘고, 그 밖에도 열대 우림, 사바나, 사막, 스텝, 온대 다우, 툰드라 같은 몇 가지 대표적인 기후대로 나뉜다.

사람을 비롯한 모든 생물은 당연히 기후의 영향을 받는다. 생물들은 따뜻한 환경에서는 대부분 비교적 쉽게 적응하지만, 기온이 너무 낮거나 높은 환경에서는 적응하기가 쉽지 않다. 사람은 집을 짓거나 옷을 입는 등 스스로를 보호함으로써 살기 어려운 환경을 극복해 나갈 수 있지만, 다른 생물들은 각자 가장 알맞은 장소에서 살아야 하므로 좋은 환경이 갖추어진 장소를 찾아 스스로 자리를 옮겨 가야 하는 번거로움이 있다. 스스로 자리를 옮기지 못하는 식물 또한 비록 긴 시간이 걸리기는 하지만, 해마다 대를 잇는 씨앗을 만들어 퍼뜨리는 방법으로 좋은 자리를 찾아 자손이 번성하기를 바란다.

자신에게 가장 알맞은 온도와 물, 그리고 흙이 있는 곳에서는 식물이 큰 무리를 이루어 자랄 수 있다. 이처럼 식물의 분포는 일조량과 온도, 그리고 강수량에 따라 결정되므로 특정한 지역에서 어떠한 식물이 사느냐를 보면 그곳의 기후가 어떠한지를 알 수 있다. 그런가 하면 몸의 온도가 바뀌는 변온동물은 바깥 온도에 따라 체온이 변하므로 자신이 위치한 지역의 기후에 큰 영향을 받을 수밖에 없다. 어떤 생물이든지 스스로 살아남기 위해서는 가장 알맞은 삶의 조건을 찾아 자리를 잡아야만 한다.

계절에 따라 살다

계절은 자연의 주기적인 변화에 따라 한 해를 몇 가지 시기로 나눈 것을 말한다. 온대 지방에서는 기온 차이가 뚜렷해 사계절이 나타나지만 열대 지방에서는 기온 차가 뚜렷하지 않으므로 강우량에 따라 건기와 우기로 구분한다. 온대 지방의 계절 변화는 지구의 자전축이 23.5도 기울어져 있어서 나타나는 현상이며, 같은 이유로 북반구와 남반구의 계절이 서로 반대로 나타난다. 태양의 고도와 낮의 길이가 변하면 태양열의 양이 달라지는데, 이것이 계절의 변화를 만든다.

계절을 중요하게 여기는 우리 전통 사상인 오행설에는 토왕지절(土旺之節)이라는 제5의 계절이 있다. 토왕지절이란 오행설에서 흙의 기운(土氣)이 왕성하다는 절기이며, 그중에서도 토용은 토왕용사(土王用事)를 간단히 줄인 말로 토왕지절(土旺之節)의 첫째 날을 뜻한다.

오행설에 따르면 모든 것이 화, 수, 목, 금, 토의 다섯 원소에 근원을 두고 다섯 기(氣)가 흥하고 쇠함에 따라 변한다고 한다.

이러한 사상은 사계절에도 적용된다. 봄에는 초목에 싹이 트고 발육이 왕성해진다는 뜻에서 목(木)을 배당하고, 여름은 뜨겁기 때문에 화(火)를 배당하고, 가을은 서리가 내려 냉랭하고 찬바람이 돌아 금(金)을 배당하고, 겨울은 서리와 눈이 온 땅을 덮으므로 수기(水氣)가 왕성하다 해서 수(水)를 배당했다. 따라서 토(土)만 밀려나므로 각 계절의 끝 18일씩을 떼어 토에 배당했다. 사계절은 4립(四立), 즉 입춘, 입하, 입추, 입동에서 시작하므로 사립 전의 18일에 토를 배당한 것이다. 이렇게 토왕지절은 사계절의 사이사이에 억지로 짜 맞춘 '사이 계절'이다. 날을 받아 이사를 하듯, 근거는 없지만 토용에 흙일을 하면 좋지 않다는 말이 민간 신앙으로 전하기도 한다. 계절이 바뀔 때 여러 변화가 생기기 마련이므로 큰일을 삼가라는 뜻으로 이해할 수도 있다.

비록 토왕지절이라는 제5계절은 조금 이상하고 낯설게 느껴지지만, 그렇다고 우리의 생활에 남아 있는 전통적인 계절 구분은 여전히 무시할 만한 것이 전혀 아니다. 우리는 계절에 맞추어 24절기를 별도로 두고 있다. 24절기 가운데 사립은 계절이 시작되는 기점이고, 이분과 이지는 각각 계절의 한가운데 시점을 일컫는 말이다. 입춘과 입하, 입추와 입동이 지나고 나서 한 달이 지나면 우리는 비로소 봄과 여름, 가을과 겨울이 되었음을 실감한다. 어쩌면 다가오는 계절을 미리 준비하려는 옛사람들의 뜻이 담겨 있는 것은 아닐까?

생물들은 계절의 영향을 가장 크게 받는다. 식물 가운데에서도 대부분의 넓은잎나무들은 봄에 싹을 틔우고, 한여름 동안에 무성히 자라며, 가을에는 단풍으로 물들고 겨울에는 낙엽지고 옷을 벗는 한해살이를 한다. 그런가 하면 동물들은, 새들이 봄이 되면 짝짓기하고 알을 낳아 새끼를 기르듯이 특정 계절에만 번식하는 경우가 많다. 또한 계절에 따라 몸의 형태나 색깔을 바꾸는 동물들이 있는데 이러한 것을 계절 변이라 부른다. 예를 들자면 노랑나비는 여름에는 날개가 짙은 노란색을 띠고 바깥쪽 가장자리에 굵은 검은색 띠를 가지지만, 가을형의 날개는 엷은 노란색이며 검은 띠가 가늘어지거나 아예 없기도 하다. 산토끼의 털이 여름에는 갈색이었다가 겨울이면 흰색으로 바뀌는 것도 계절 변이의 한 예이다.

계절을 타는 미생물

가장 알맞은 생육 조건을 찾으려는 노력은 미생물 역시 한다. 미생물 또한 계절의 변화에 민감하게 반응하지만, 우리 눈에 보이지 않으므로 미생물 각 개체가 보여 주는 계절의 변화를 쉽게 알아차리지 못할 뿐이다. 따라서 미생물의 계절 변화는 잘 알려져 있지 않은 편이다. 다만 한여름에 미생물이 순식간에 집단으로 증식하는 경우를 볼 수 있다. 미생물은 스스로에게 알맞은 환경 조건에서 빠르게 증식할

미생물도 계절을 알까

수 있기 때문이다.

사람에게 질병을 일으키는 병원 미생물도 어느 정도 이상 불어나야 비로소 병을 일으킬 수 있다. 여름 장마철에는 다른 때보다도 온도와 습도가 높으므로 장티푸스, 이질, 콜레라같이 수인성 전염병을 일으키는 미생물이 활발히 나타나기도 한다. 이처럼 병원 미생물의 활동은 계절의 영향을 받는데, 엄밀히 말하면 증식하기 좋은 온도와 습도에 큰 영향을 받는 것이다.

우리는 보통 주위의 무수히 많은 미생물이 대부분 해롭다고 여긴다. 병원 미생물들이 사람과 동식물에게 해를 끼치며, 음식을 썩히고 부패를 일으킨다는 사실이 알려졌기 때문이다. 그러나 자세히 보면 우리에게 유용한 많은 것을 만든 것도 미생물이라는 사실을 알 수 있다. 발효주를 비롯한 발효 음식은 물론이고, 여러 기호품과 의약품, 거름까지도 미생물이 만들어 준다. 물론 미생물의 입장에서는 자신이 좋아하는 시간과 장소에서 열심히 살았을 뿐이지만 말이다.

미생물은 우리가 보지 못하는 곳에서도 자신의 일을 충실히 하고 있지만, 우리는 미생물의 기여를 제대로 쳐 주지 않는다. 그래서일까. 보이지 않는다고 미생물을 마치 없는 양 여기고, 찾아보려는 노력조차 기울이지 않는다. 그러나 우리가 조금만 관심을 갖고 살펴본다면 우리가 제대로 알지 못했던 놀라운 성과가 드러난다. 매일 새로운 것을 내놓는 과학에 힘입어 미생물의 세계에서도 새로운 종류와 기능, 물질이 속속 밝혀지고 있다. 최근에는 특정 미생물의 물질 분해 능력을 이용해 환경 오염 문제를 해결하려는 연구도 있다. 계절의 한계를 뛰어넘어 새로운 성과를 얻기 위한 실험이 활발하게 전개되고 있다.

과학과 기술이 발전하면서 생활은 더욱 편리해졌다. 그러나 눈앞의 편리함만을 한없이 추구하려 든다면 우리는 우리 몸을 해칠 뿐 아니라 환경까지 파괴할 것이다. 지구는 사람만을 위한 공간이 아니라 모든 생물이 함께 사는 공간이다. 지구를 모든 생명체가 공유하는 곳으로 여기도록 사람들의 인식을 바꾸어야 한다. 물, 공기, 흙 등으로 이루어지는 자연 생태계의 순환 체계를 거스르지 않는 방향으로 우리의 생활 공간을 만들고 유지하도록 우리 모두 노력해야 한다. 그래야만 환경을 있는 그대로 보존하고, 다른 모든 생물과 미생물, 그리고 우리가 서로 조화를 이루며 건강한 삶을 지속해 나갈 수 있다.

새 생명이
움트는 계절

부지깽이를 거꾸로 꽂아도 싹이 나는 절기

매년 4월 5일 식목일쯤에는 24절기 가운데 봄의 절기인 청명과 한식이 있다. '청명, 한식에는 부지깽이를 거꾸로 꽂아도 싹이 난다.'라는 말이 있다. 봄기운을 받으며 한창 물이 오르는 나뭇가지에서 우러나오는 생명의 힘을 나타낸 말이다. 부지깽이는 아궁이에 불을 지피면서 불이 잘 붙도록 땔감을 살짝 들어 올리거나, 아궁이에 바람이 잘 들도록 땔감을 이리저리 헤집거나 옮기는 데 쓰는 나뭇가지를 말한다. 물론 아궁이 주변에 흩어진 잔가지나 검불을 긁어모아 아궁이 안으로 밀어 넣기에도 아주 유용하다.

아궁이에 불을 지필 때는 당연히 마른나무를 쓴다. 생나무 가지는 불에 잘 타지 않으므로 나무를 꺾어 두어서 물기가 마르도록 기다렸다가 땔감으로 이용한다. 이때 물기 빠진 마른 가지는 당연히 죽은 나무일 터다. 반면 뜨거운 불 속을 들락거리는 부지깽이가 마른 가지라면 아궁이를 드나드는 동안 불이 붙어 쉽게 타 버릴 수 있다. 그래서 부지깽이로는 생나무 가지를 쓰기도 한다. 그렇다고 해서 생나무 가지를 일부러 준비해 놓고 부지깽이로 쓰는 사람은 없다. 누구나 불을 땔 때에는 마른 나뭇가지 가운데에서 적당한 것을 골라 부지깽이로 쓰기 마련이다. 더욱이 매일 불을 때는 아궁이 옆에는 전에 쓰던 부지깽이를 놓아두었다가 다시 사용하는 경우가 더 많다. 그러다 짧아진 부지깽이는 어느 순간에 아궁이 속으로 들어가 몸을 불사르며 땔감으로 사라진다. 부지깽이는 없으면 조금 허전하지만, 있어도 제대로 대접을 받지 못하는 물건이다.

이처럼 말라빠진 부지깽이를 꽂아 두면 싹이 난다는 말이 도대체 가당키나 한가? 고목에서 싹이 돋아난다는 말이 있기는 하지만, 이 말은 뿌리를 박고 서 있는 나무의 이야기이다. 그런데 부지깽이에서 싹이 난다는 말은 죽은 나뭇가지가 흙에서 새롭게 뿌리를 내리고 싹을 틔워 다시 생명을 얻는다는 뜻 아닌가? 아무리 생각해 보아도 쉽게 이해되지 않는 말이다. 도대체 생명이 무엇이기에 하찮은 부지깽이에서 이러한 일이 생길 수 있을까? 현실에서는 도저히 일어날 수 없는 일이지만, 그만큼 봄에는 생명의 힘이 강하다는 표현을 에둘러서 하는 말일 것이다.

무성 생식과 유성 생식

　화분에 심은 예쁜 식물을 많이 번식시켜 이웃에게 나누어 주고 싶다면 봄철에 줄기를 잘라 꺾꽂이하는 것이 효과적이다. 왜 그런지 잘 모르는 사람들이라도 봄에 꺾꽂이를 하면 훨씬 효과적이라는 것을 경험을 통해 알고 있는 경우가 많다. 봄이 되면 동식물들이 생장과 번식에 힘을 쏟는다고 생각해도 틀림이 없다. 흙에 꽂아 놓은 나뭇가지에서 잎이 돋아나고 뿌리가 뻗어 나오면, 죽은 듯했던 나무가 새로운 나무로 거듭 태어난다.

　봄에 잎보다도 먼저 노란 꽃이 피는 개나리는 씨를 뿌리지 않는다. 그냥 가지를 꺾어 흙에 꽂아 두어도 개나리가 새로 자라는 것을 볼 수 있다. 이처럼 몸의 일부가 새로운 생명체로 자라는 것을 영양 번식이라고 부른다. 개나리만이 아니라 고구마나 감자, 마늘, 선인장이나 다육 식물도 몸의 일부를 떼어 심으면 하나의 생명체로 자라니 이들 모두가 영양 번식을 하는 셈이다. 영양 번식에는 꺾꽂이만 있는 것이 아니라 늘어진 가지를 끌어다 땅에 묻어 주는 휘묻이, 다른 나뭇가지를 가져와 나무에 붙여 주는 접붙이기, 여러 개로 돋아난 포기를 나누어 심는 포기나누기 등이 있다. 이 모든 방법은 몸의 일부가 자라나 새로운 생명체로 바뀐 것이니, 이렇게 태어난 생명체는 원래의 어미와 똑같은 모습과 성질을 나타낼 수밖에 없다.

　이런 방법으로 개체수를 늘리는 것이 무성 생식이다. 무성 생식은 몸의 일부가 떨어져 나가서 새로운 개체를 만드는 것이기 때문에 성이 암수로 구별될 필요가 없다. 설령 유성 생식도 하는 생물이어서 암수가 구별되더라도, 암컷의 몸에서 떨어져 나갔다면 암컷이 새로 생기고, 수컷의 몸에서 떨어져 나갔다면 수컷이 새로 생긴다. 새로 생긴 개체는 원래 있던 개체와 똑같은 모습과 성질을 그대로 유지하는 것이다. 반면 암컷과 수컷으로 성이 구별되며 이들이 각자의 유전자를 합쳐 새로운 개체를 만드는 것은 유성 생식이다. 유성 생식을 하면 암컷이 만든 난자와 수컷이 만든 정자가 하나로 합쳐져 '씨앗'을 만든다. 동물의 경우 수정란이 이 씨앗에 해당하는데, 이것이 새로운 개체가 된다.

암컷과 수컷 모두 있어야 하는 유성 생식은 혼자만 있어도 되는 무성 생식에 비해 복잡해 보인다. 그렇다면 어째서 수많은 생물이 유성 생식을 하는지 사람들은 궁금해했다. 어려운 문제인 것 같지만 답은 의외로 쉽게 떠오른다. 생물들은 자신의 유전자를 다음 세대로 전달하는 데 성공하는 것을 목표로 하고 있다. 그러기 위해서는 후손이 지닌 특별한 능력이나 성질이 환경에 잘 대처해야 한다.

이런 특별한 능력이나 성질을 생명 세계에서는 형질이라고 부른다. 환경에 잘 대처할 수 있는 형질을 지닌 생물들이 살아남아 유전자를 다음 세대로 전한다. 그런데 환경은 고정되어 있지 않고 변하기 마련이다. 따라서 환경이 어떻게 바뀌더라도 거기에 잘 대처할 수 있는 형질을 지닌 후손이 있을 수 있도록 유전적인 다양성을 유지해야 한다. 그렇기 때문에 두 개체의 유전자를 합치는 유성 생식이 진화한 것이다.

나뉘고 합치며 증식한다

그렇다면 미생물은 어떻게 유전적 다양성을 지킬 수 있을까? 비록 크기가 아주 작지만 미생물 또한 생물이므로, 유전적 다양성을 확보해서 변화무쌍한 환경에 대처해야 할 것이다. 앞에서 살펴본 대로 유성 생식을 하는 미생물이라면 자신의 유전자와 다른 상대의 유전자를 합쳐서 다양성을 지킬 수 있다. 곰팡이는 식물의 씨앗과 비슷한 포자를 만들어 번식하기 때문에, 포자가 수정하는 과정에서 다른 곰팡이 개체의 유전자가 섞일 수도 있을 것이다.

앞에서 알코올 발효를 하는 미생물로 소개된 효모는 곰팡이 집안의 한 식구이다. 다 자란 효모는 한쪽에 자그마한 싹이 나고 조금씩 커지다 원래 효모로부터 떨어져 나간다. 마치 식물의 싹이 자라는 모습과 같아 출아법(出芽法, budding)이라 불리는 방식이다. 부모로부터 자라서 떨어져 나왔으니 당연히 무성 생식의 일종이다.

그렇다고 모든 곰팡이가 효모처럼 무성 생식을 하는 것은 아니다. 물론 곰팡이가 포자를 만들 때는 몸의 일부가 떨어져 나오는 무성 생식을 하기도 한다. 그러나 서로 다른 핵끼리 짝이 맞아서 결합하기도 한다. 이때 짝을 맞출 핵은 같은 팡이실 안에서 찾을 수도, 또는 다른 팡이실에서 찾을 수도 있다. 이처럼 곰팡이는 여러 가지 방식으로 생식을 한다. 식물이 씨앗을 만드는 것과는 다른 방법이지만, 포자를 만드는 동안 다른 상대로부터 새로운 유전자를 보충하는 것이다.

세균은 무성 생식으로만 증식한다. 다시 말해서 세균은 충분한 크기로 자라면 몸이 둘로 나뉘면서 두 개의 서로 다른 개체가 된다. 세균의 몸이 둘로 쪼개진다고 해서 이 방법을 이분법이라 부른다. 이분법으로 쪼개진 세균은 어미의 몸을 그대로 물려받았으므로 당연히 어미와 똑같은 성질을 가진다. 아주 오래전부터 할머니 할아버지 세균이 쪼개져 아버지 어머니 세균, 뒤이어 세균 자신, 그리고 다시 아들 딸 세균, 손녀 손자 세균으로 이어지는 동안에 모두 할머니 할아버지와 똑같은 형질을 그대로 물려받는다.

이처럼 세균이 대를 이어 쪼개지면서 부모와 똑같은 형질을 물려받으면 어떤 상황에 맞닥뜨렸을 때 스스로 이겨 내는 힘이 부족할 수도 있다. 그렇다면 세균은 새로운 유전자를 어디에서 받아들일까? 물론 세균도 하나의 생물이니 살다 보면 어떤 어려운 환경에 처할 수 있으며, 이때 유전적 다양성이 확보되어 있어야 다음 세대로 자신의 유전자를 전달할 수 있다. 우선 두 개의 서로 다른 세균이 하나로 몸을 합치는 방법을 생각할 수 있다. 그렇게 함으로써 세균은 다양한 형질을 갖출 수 있다. 이러한 방법을 융합이라고 부른다. 서로 다른 종류의 세균이라 하더라도 서로가 접촉하는 세포막에 조금이라도 비슷한 성분이 들어 있다면 하나로 합칠 수 있을 것이다.

세균 두 개체가 몸을 하나로 합친다고 해도 좋은 형질만을 확보하게 되는 것은 당연히 아니다. 만약에 전혀 다른 성질을 가진 두 세균이 합쳐졌다면, 하나로 합친 몸을 유지하기조차 어려운 경우도 있을 것이다. 이때는 꼼짝없이 죽음을 기다릴 수밖에 없으니 처음부터 합치지 않은 것만도 못한 결과라고 할 수도 있다. 그런가 하면 경우에 따라서는 두 세균이 합쳐져서 처음에는 제대로 힘을 발휘하지 못하다가도 시간이 지나면서 조금씩 나아지는 경우도 있을 것이다.

생물에서 형질을 나타낼 수 있는 것은 특정한 유전자이다. 따라서 어떤 형질을 나타내는 유전자를 받아들여서 새로운 형질을 얻는 방법도 있다. 세균끼리는 유전자를 플라스미드(plasmid)라는 운반체에 실어서 다른 세균으로 옮겨 줄 수도 있다. 플라스미드도 유전자와 마찬가지로 네 가지 염기를 기본으로 하는 핵산 분자로 만들어져 있기 때문에 여기에 얼마든지 유전자가 끼어 들어갈 수 있다. 이처럼 유전자가 운반체를 통해서 옮겨 가는 것을 형질 전환이라고 부른다. 또한 플라스미드가 아니더라도 바이러스 또한 세균에 들어갈 수 있다. 바이러스는 세균보다도 훨씬 크기가 작고, 심지어 어떤 종류는 세균 안으로 들어가 살 수도 있다. 이때 바이러스에 편승해서 특정한 유전자가 세균 안으로 들어갈 수도 있는데, 이것을 형질 도입(transduction)이라 부른다.

형질 전환이나 형질 도입을 통해 하나 이상의 유전자가 세균으로 들어가는 것이 융합보다는 오히려 효과적이다. 세균은 이분법으로 증식하므로 무성 생식만 한다고 알기 쉬운데, 자세히 살펴보면 필요한 유전자를 받아들이는 특별한 방법이 있다는 것을 알 수 있다.

제대혈의 무한한 가능성

물이 오른 나뭇가지를 꺾어 흙에 묻으면 뿌리가 내린다고는 하지만, 많은 경우에는 뿌리가 내리기도 전에 가지가 썩어 버린다. 흙 속에 있는 미생물이 재빨리 나뭇가지를 썩힌 것이다. 나뭇가지가 썩는 것을 막고 뿌리 내리게 하려면 깨끗한 진흙을 반죽해 경단으로 만들어서 나뭇가지 뿌리 쪽에 붙이고, 모래판에 꽂아 두어 물을 촉촉이 뿌려 주고 반그늘을 만들어 주면 된다. 그러면 시간이 지나면서 나뭇가지에서 뿌리가 내린다. 나뭇가지를 그대로 흙에 꽂는 것보다 이런저런 처리를 하는 것이 미생물에 의한 부패를 막고 나뭇가지의 생존율을 높일 수 있다. 이왕이면 좀 더 깨끗한 위생 처리를 해 주는 것이 효과적이라는 뜻이다.

식물뿐 아니라 동물도 새끼를 낳아 기르는 데 있어 이처럼 오염이 적은 위생적인 환경이 필요하다. 게다가 식물이나 동물이나 모든 생물이 새끼를 만들기 위해서는 당연히 좋은 성분이 많은 물질이 필요하다. 이처럼 생명의 씨앗이 자라는 데 필요한 좋은 성분이 많이 들어 있는 것으로 제대혈(臍帶血, cord blood)을 꼽을 수 있다. 젖먹이동물의 태아는 엄마의 자궁에서 엄마의 태반과 연결된 탯줄을 통해 생명을 유지하고 발육에 도움이 되는 영양분과 산소를 공급받는다. 엄마와 아기의 사랑의 끈이자 생명선은 탯줄이고, 탯줄에 들어 있는 탯줄 혈액이 바로 제대혈이다. 제대혈에는 골수와 마찬가지로 혈액을 만드는 세포인 조혈모세포(hematopoietic stem cell)뿐만 아니라 연골, 뼈, 근육, 신경 등을 만드는 줄기 세포가 많이 들어 있다.

제대혈에 들어 있는 조혈모세포는 말 그대로 '피를 만드는 어머니 세포'로 피를 구성하는 적혈구, 백혈구, 혈소판 등 다양한 혈액 세포와 면역 체계를 이루는 세포를 만들어 낸다. 백혈병 같은 혈액암 환자는 혈액을 정상적으로 만들 수 없으므로 골수나 조혈모세포를 이식하는 치료를 받는다. 따라서 골수나 조혈모세포를 미리 확보하는 것이 필요하다. 최근 연구 결과에 따르면 제대혈에는 어른 골수의 약 10배에 해당하는 조혈모세포가 들어 있으며, 이미 성장한 어른의 조혈모세포보다도 발전 가능성이 크다는 것이 알려졌다. 더욱이 보통 탯줄 하나에서 얻을 수 있는 제대혈의 양은 100밀리리터 정도로, 조혈모세포의 수나 기능의 측면에서 약 1,000밀리리터 골수 속에 들어 있는 것보다 더 뛰어나다.

또한 제대혈에는 우리 몸에서 아주 중요한 줄기 세포(stem cell)가 들어 있다. 줄기 세포는 자기 복제 능력이 있고, 몸을 구성하는 모든 세포와 조직으로 분화할 수 있는 다분화 세포를 말한다. 줄기 세포는 배아 줄기 세포와 성체 줄기 세포로 나뉜다. 배아 단계에서 우리 몸을 구성하는 모든 세포를 만드는 것이 배아 줄기 세포이며, 나중에 완성된 개체에 소량이 남아 있으면서 상하거나 죽은 세포를 바꾸어 주는 것이 성체 줄기 세포이다. 이 가운데 배아 줄기 세포는 몸을 구성하는 여러 조직으로 분화할 수 있으며 증식 능력이 뛰어난 등 성체 줄기 세포에 비해 많은 장점이 있어, 세포 대체 요법이나 재생 의학에서 가장 좋은 재료로 활용할 수 있다. 제대혈은 기본적으로 골수 이식 수술이 필요한 모든 질병에 쓰일 수 있다. 따라서 제대혈 이식은 백혈병을 비롯한 악성 혈액 질병과 여러 종류의 암, 선천성 대사 장애, 면역 장애, 그 외에도 많은 종류의 질병에 대한 확실한 치료 대안으로 생각된다.

지금까지는 출산 후에 태반과 탯줄이 폐기되는 경우가 대부분이었다. 그러나 많은 연구를 통해 세계의 과학자들은 제대혈의 무한한 가능성과 소중함을 알게 되었다. 제대혈 속에는 여러 암과 난치병의 치료에 중요한 열쇠가 되며 성인으로부터 얻을 수 있는 것보다 더욱 효과적인 조혈모세포가 많이 들어 있다. 또한 세균이나 바이러스 등 미생물이 침입한 적이 전혀 없기 때문에 건강한 세포나 조직을 만들어 내는 기능이 뛰어나므로, 이를 치료에 이용하면 더욱 안전하고 큰 효과를 기대할 수 있다.

더 나아가 제대혈에는 골수 이식의 어려운 점을 해결해 줄 수 있는 좋은 점이 많다. 제대혈은 아기를 출산할 때 자연스럽게 자궁에서 배출되는 태반과 탯줄의 혈액이므로 산모와 아기에게 전혀 고통을 주지 않는다. 또한 골수 이식은 조직 적합성 항원(Human Leukocyte Antigen, HLA) 여섯 개가 모두 일치해야 이식 수술이 가능하지만, 제대혈 이식은 항원 세 개만 일치해도 가능하기 때문에 가족은 물론이고 다른 사람에게도 비교적 쉽게 제대혈을 제공할 수 있다. 그뿐만 아니라 어른의 골수에 비해 조혈 능력도 10배 이상 뛰어나고, 이식 후에도 면역적인 부작용이 훨씬 덜하다는 장점이 있다. 이처럼 제대혈은 가장 효과적인 후천적 줄기 세포 공급원으로 잘 알려져 있다. 그러기에 일부 바이오 회사들은 발 빠르게 제대혈 보관 서비스를 시작했으며, 제대혈을 이용한 질병 치료까지도 이미 하고 있다. 최근에는 제대혈로부터 줄기 세포를 분리하는 방법이 개발되면서 과학자들은 물론 일반 대중도 제대혈을 이용한 이식 수술에 많은 관심을 보이고 있다.

다만 제대혈은 필요한 만큼 충분히 많은 양을 확보하기가 어렵다는 점이 아쉬웠다. 그러기에 사람들은 비슷한 효과를 지녔다고 여겨지는 다른 큰 동물들의 탯줄 혈액을 모으는 방법을 생각했다. 이를테면 목장에서 기르는 몸집 큰 소에서 나오는 탯줄 혈액을 모아서 미용 제품을 만들고자 한 것이다. 당연히 피부 미용에 효과적일 것이라는 기대로 많은 사람이 이 제품을 사용했다. 그러나 가축과 사람 모두 감염될 수 있는 인수 공통 전염병이 언제든 나타날 수 있다는 우려 때문에 지금은 공식적으로 허가하지 않는다.

새 생명이 움트는 계절

씨앗을 담은 항아리

그런가 하면 오래전부터 우리나라에서도 아기를 분만할 때에 함께 나오는 태반과 탯줄에 관한 이야기가 많다. 얼마 전까지만 하더라도 우리나라는 아기가 태어날 때 집안에서 모든 일을 처리하는 '가정 분만' 방법을 주로 따랐는데, 이때 태는 따로 보관하지 않고 잘 태워 처리했다. 바로 동생을 보려는 계획이 있다면 집안 가까운 곳에서 처리했고, 동생과 터울을 길게 잡으려면 집안에서 멀리 떨어진 곳으로 나가 처리했다고 한다. 여기에는 생명을 귀중하게 여기는 마음이 담겨 있다.

요즈음에는 사람들이 대부분 큰 병원에서 아이를 낳기 때문에 태는 병원에서 일괄 처리한다. 옛날이나 지금이나 아기가 태어나면 태를 따로 처리하는 것은 같다고 하겠다. 그러나 요즈음 병원에서는 분만 후에 남겨진 태를 버리지 않고 그대로 귀중한 약품의 원료로 사용한다. 그만큼 아기가 자라는 데 필요한 부분인 태에는 생장 호르몬을 비롯해 여러 중요한 효소들이 많기 때문이다. 요즈음에는 태어나는 아기를 위해 태는 물론이고 남겨진 피까지 만약의 일을 대비해서 보관하는 경우도 있다. 이러한 사업을 일컬어 '제대혈 은행'이라고 하는데, 혹시라도 태어난 아기의 몸에 이상이 있을 때에는 보관 중인 태에서 세포를 뽑아 증식시켜서 치료에 활용할 수 있다.

이처럼 태가 귀중하다는 사실을 알아서였는지 조선 시대 사람들은 태실 또는 태묘를 따로 두어 태를 담은 항아리를 잘 모셨다. 조상을 제사 지내는 집안의 사당도 태묘나 태실이라고 부르지만, 태 항아리를 묻은 곳과는 그 의미가 조금 달랐다. 또한 조선 시대에는 왕자나 공주가 태어난 후에 태를 소중히 모아 항아리에 담아서 경치 좋고 한적한 산봉우리에 묻었다. 물론 귀한 물건이었으므로 이 항아리를 정성껏 아름답고 훌륭하게 제작했으리라고 짐작할 수 있다. 지금도 박물관에 전시되어 있는 태 항아리는 그리 많지 않지만, 보면 볼수록 아름다운 자태를 뽐내고 있다. 태 항아리는 귀하고 아름다운 우리 문화재이자, 생명의 씨앗을 귀하게 여긴 우리의 마음이다.

여름,
냉장의 지혜

냉장의 역사

무더위가 지속되는 한여름에는 시원한 물 한 잔 마시고 싶어진다. 요즈음에는 누구나 손쉽게 차가운 음료를 마실 수 있지만, 얼마 전까지만 해도 시원한 음료를 마시려면 커다란 덩이에서 일부를 떼어다 잘게 조각낸 얼음을 음료에 넣어서 마실 수밖에 없었다. 작은 얼음 조각이 호사라면 시원한 우물물을 길어다 미숫가루라도 타 먹는 것이 그나마 시원함을 즐기는 방법이었고, 흐르는 계곡물에 참외며 수박이며 과일을 담갔다가 잘라 먹는 것이 피서이자 낭만이었다. 이때의 기억이 남아 있는 사람들에게는 아마도 수박을 꽃 모양으로 잘라 내어 큰 대접에 얼음 조각과 함께 담은 화채가 아직도 눈앞에 어른거릴 것이다.

요즈음 어느 집에서든 냉장고 하나쯤은 쉽게 찾아볼 수 있다. 어디 냉장고뿐인가. 대부분의 가정에서 냉장고는 물론이고 김치냉장고까지 장만해 사용하고 있다. 신선하게 보관해야 할 채소류는 냉장실에, 얼려서 오랫동안 보관해야 할 고기류는 냉동고에 둔다. 물론 먼저 조리할 것과 나중에 이용할 것을 추리고 적당한 양으로 나누어 보관하는 것도 알뜰한 식품 보관 요령이다. 이처럼 사람들이 냉장고나 냉동고를 사용하는 것은 음식 등이 썩는 것을 막고 오랫동안 보관하려 하기 때문이다.

냉장고가 없던 시절에는 어떻게 음식을 저장했을까? 많은 사람이 궁금해하는 부분이다. 냉장고가 없던 시절에는 음식 재료를 오랫동안 보관할 마땅한 방법이 없었으므로 저장은 생각도 못 했을까? 문화 인류학자들은 과거 인류가 어떠한 방법으로 먹을거리를 준비하고 보관했는지 알아내고자 부단히 연구했다. 냉장고 같은 문명의 이기를 사용하는 현대인들이 옛날로 돌아가 생활해야 한다면 어떤 보관법이 있을까? 그에 대한 답을 찾기 위해 아직 외부인의 발길이 잘 닿지 않은 지역에서 오랫동안 옛날부터 살던 방식대로 살고 있는 사람들의 생활 방식을 살펴보았다.

이미 120년 전인 1900년에 미국의 민족지학자 왈더머 조컬슨(Waldemar Jochelson)이 미국 자연사 학회의 후원을 받아 수행한 연구 결과가 있다. 그의 연구는 철기 시대의 생활 양식을 따르는 부족의 생활상을 기록으로 남기는 것이었다. 조컬슨이 연구 대상으로 선택한 부족은 러시아 캄차카 반도의 삭막한 야생 환경에서 살고 있는 코랴크(Koryak) 족이었다. 이들은 산, 스텝, 해안으로 이루어진 넓은 지역을 돌아다니며 춥고 혹독한 상황에서 순록과 바다표범 등을 사냥하는 등 수렵 채집 생활을 하며 살아가고 있었다.

코랴크 족의 생활 방식을 살펴보면 빙하기의 수렵 채집 생활이 과연 어땠는지를 이해할 실마리를 찾을 수 있다. 식재료의 확보는 누구에게나 살아가는 데 가장 중요한 일이다. 따라서 식재료를 오랫동안 보관하는 것이야말로 열악한 환경에서 살아남기 위해 결코 빼먹어서는 안 되는 일이었다. 이들은 어렵게 채집한 크고 작은 열매를 그대로 먹어 치워 버리지 않았다. 이들은 얼음 구덩이를 파고는 그 안에 분홍바늘꽃 같은 나물을 보관하면서 기나긴 겨울 동안 조금씩 꺼내어 먹었다고 한다.

춥고도 긴 빙하기를 어렵사리 넘기고 살아남으려면 이들이 한 것과 비슷한 방법으로 먹을거리를 갈무리하면서 오랫동안 꺼내어 먹어야 했을 것이다. 구석기 시대 수렵 채집인이 어떻게 살았는지 알아보려는 고고학자들도 1만 5000년 전 사람들의 생활 터전에서 증거가 될 만한 것을 찾아보았으며, 1년 내내 얼어붙어 있다시피 한 지역에서 코랴크 족이 사용한 것과 비슷한 모양의 저장 창고용 구멍 흔적을 찾아냈다. 이와 같은 발굴 결과를 바탕으로 옛 사람들의 생활 모습을 추측할 수 있다. 요즈음과 마찬가지로, 아마 옛 사람들에게도 음식물 보관 기술을 확보하는 것이 살아가는 데 필수적인 조건이었으리라.

우리 역사 속 식품 저장고

이번에는 조선 시대를 살펴보자. 조선 시대에는 자그마한 냉장고 대신 집채만 한 석빙고를 지었다. 석빙고 안에는 겨울에 두껍게 언 강의 얼음을 잘라서 저장해 두었다. 지금까지 우리나라 곳곳에 오래전 석빙고의 흔적이 남아 있다. 서울 용산구 동빙고동과 서빙고동은 석빙고를 기준으로 각각 동쪽과 서쪽에 있어 그러한 지명을 갖게 되었다. 가장 오래된 석빙고의 흔적은 경상북도 청도군에 남아 있다. 그런데 이 석빙고는 돌로 만든 지붕이 무너져 내리는 바람에 흔적만 남아 있고, 완전한 모습을 잃어서 그곳을 찾은 이들의 마음을 허전하게 한다. 완전한 석빙고는 경상북도 경주시 반월성 안에 잘 보존되어 있다. 경주는 신라 시대의 서울이므로, 신라 시대 유적인 반월성 안의 석빙고가 신라 시대의 유물일 것이라 잘못 알고 있는 경우가 많다. 더욱이 온전한 모습으로 남아 있는 석빙고를 보고서 역시 돌이라 오래간다고 생각하는 이들도 많다. 그러나 이 석빙고는 조선 시대에 만들어 사용한 것이다. 안내문에도 분명히 적혀 있다.

조선 시대의 석빙고는 이름 그대로 얼음 저장 창고이니, 그 규모가 웬만한 집보다 더 컸다. 그러나 큰 규모의 창고를 집집마다 만들 수는 없는 일이다. 그렇다면 옛날에는 어떻게 한여름에 시원한 음식을 즐겼을까? 방법이 전혀 없었나? 그 밖에도 여러 의문이 떠오른다. 얼마 전만 해도 한여름에 시원한 수박이나 참외를 즐기려고 시원한 샘

물을 담은 그릇에 과일을 채워 두었다가 더위가 꺾인 한밤중에 먹은 기억이 있다. 그보다 더 차갑게 먹으려면 과일을 줄에 매달아 우물 안에 넣기도 했다. 더운 여름에 시원한 과일을 먹는 것은 그야말로 큰 즐거움이었다. 그만큼 옛 사람들은 여러 방법을 궁리해 냈다.

옛날에도 분명히 냉장고를 대신할 만한 장치가 있었을 것이다. 충청남도 부여군 관북리에서 지난 2014년까지 진행된 백제 시대 유적지 발굴 조사 결과에서도 특이한 형태의 구조물이 드러난 바 있다. 직사각형의 구덩이를 판 후, 일정하게 다듬은 나무로 빈틈없이 주변을 짜 맞추었다. 나무 사이사이에는 고운 진흙을 채워 외부와 통하는 것을 막은 흔적이 보인다. 이러한 유적지가 다섯 기나 발견되었는데 그 가운데 하나는 돌을 다듬어 만든 것이었다. 물론 돌 안쪽에는 나무를 쌓은 것이 다른 유적지와도 비슷한 모습이었다. 더욱이 이곳에서는 한 말 이상의 참외 씨를 비롯해 복숭아, 다래, 머루 등의 과일 씨앗이 발견되었다. 이 유적지가 무엇인지 정확히 알지는 못하지만, 그 안에서 발견된 것들을 보건대 이 유적지가 어쩌면 당시 냉장고 역할을 한 식품 저장고가 아니었을까 발굴단은 조심스럽게 추정하고 있다.

만약 이 유적지가 식품 저장고라면, 냉기를 오랫동안 유지하는 방법이 어떤 것이었는지 소상히 설명할 수 있어야 한다. 석빙고와 구조 면에서 비슷한 점이 있는지, 석빙고처럼 저온을 유지하려면 어떻게 얼음을 이용했는지도 밝혀야 한다. 당시에는 사람들이 얼음을 만들어 사용할 수 없었을 터이니 말이다.

여름, 냉장의 지혜

우선 얼음 저장고는 외부와 공기가 통하지 않게 공간을 차단해야 했을 것이다. 공기의 흐름을 막는 동시에 내부의 찬 기운이 바깥으로 빠져나가지 않도록 가두어 두는 것이다. 그러려면 우선 벽에 틈이 없도록 철저히 막아야 했을 것이다. 이 유적지에서는 잘 다듬은 나무로 빈틈없이 바닥과 천장을 마감한 것이 보인다. 더욱이 나무 사이에는 고운 점토를 발라 틈을 없앤 것으로 보이는 흔적이 있다. 그래야만 공기 흐름을 막을 수 있기 때문이다. 돌로 만든 유적지의 안쪽 또한 잘 다듬은 나무로 마감한 것도 나무가 단열재로 쓰였으리라 짐작하게 한다. 서울 풍납동에서 발굴된 백제 시대의 우물터에서도 목곽의 틈새를 고운 점토로 마감해 물이 스며들지 못하게 막은 흔적이 드러났다. 즉 외부와의 통로를 막기 위해 고운 점토로 틈을 메웠을 것이라는 추측을 할 수 있다. 앞으로 이 유적지를 더욱 정밀하게 조사한 결과가 나오겠지만, 만약에 단열 효과를 높이는 구조가 밝혀진다면 아주 오래전부터 우리 조상들이 냉장고와 비슷한 구조물을 만들어 식품 저장고로 이용했을 가능성이 높아질 것이다.

조화로운 삶

냉장고의 가장 큰 목적은 음식물을 신선한 상태로 오랫동안 보관하는 것이다. 식재료나 조리한 음식 모두 실온에 방치하면 마르거나 썩어서 오래가지 못한다. 그래서 식재료를 햇볕에 말려 수분을 줄이거나, 소금이나 설탕에 절여서 미생물에 의한 부패를 방지하고 저장 기간을 늘리는 방법을 생각해 냈다. 그렇더라도 어떠한 식으로든 손질을 가하면 식재료는 신선했던 모습을 잃기 마련이다. 싱싱함을 간직한 채 오랫동안 변하지 않게 보관하려면, 습기가 빠지지 않게 조심하면서 저온에 놓아두어야 했다. 그것을 가능하게 한 가전 제품이 바로 냉장고이다.

오래된 냉장고는 지금의 냉장고와는 모습이 사뭇 다르다. 얼음덩이를 위층에 넣어, 얼음에서 나온 찬 공기가 위에서 아래로 깔리며 냉장고 내부 전체의 온도를 낮추는 구조를 갖추었다. 무엇보다 중요한 점은 냉기가 오래 지속되도록 적당한 단열재를 선택해야 한다는 것인데, 과거에는 단열재로 톱밥을 썼다. 그래서 옛날에는 톱밥을 가운데 채워 넣고 바깥은 양철로 막은, 벽과 문이 두툼한 냉장고를 만들었다. 이런 냉장고는 요즈음에는 민속품을 파는 골동품 가게에서나 가끔 있다. 옛날에는 집안에 냉장고를 두는 것이 일종의 호사여서, 살림이 넉넉한 부잣집에서나 냉장고를 쓸 수 있었다. 그때는 학생들의 생활 수준을 조사할 때 냉장고 유무를 파악하기도 했다. 생활 기록부에도 냉장고 유무를 적는 칸이 있을 정도였다.

요즈음 사람들은 냉장고와 냉동고를 당연하게 여긴다. 음식물을 냉장 보관하는 일이 옛사람들에게는 큰 문제였지만, 음식을 스마트폰으로 주문해 그날 바로 받아서 먹는 요즈음에는 부차적인 문제가 된 것도 같다. 설령 지금은 그렇다 하더라도, 음식물 냉장 보관 기술은 옛 사람들이 자연 환경에서 삶을 지키기 위한 지혜를 터득해 가며 성취한 것이다. 과학 기술이 발달하면서 형태만 달리하게 되었을 뿐, 삶의 지혜는 옛날부터 지금까지 우리 생활 속에 끊이지 않고 줄곧 이어져 내려오고 있다. 주변을 살펴보면 옛날부터 전해 오는 삶의 지혜를 하나라도 더 찾아볼 수 있다.

『조화로운 삶(*Living the Good Life*)』(류시화 옮김, 보리, 2000년)은 미국의 경제학자 스콧 니어링(Scott Nearing)과 헬렌 니어링(Helen Nearing)의 책으로, 제목 그대로 삶에서 자연과의 조화를 실천한 니어링 부부의 정신을 담고 있다. 이들의 정신을 이어받은 사람들의 모임 또한 있다. 이들이 현대 문명의 이점을 모두 버리고 옛날 생활 방식만을 고집하는 삶을 추구한다는 것은 결코 아니다. 어떤 것이 우리 정신과 건강에 좋은지 고민하고 찾아내어 삶에 적용하고자 할 뿐이다. 이들은 스스로 몸을 움직여 먹을거리를 길러 먹고, 남는 시간에 정신적으로나 육체적으로 여유를 즐기며 살아가려는 뜻을 실천하고 있다.

이들 중에는 자연 그대로의 것을 활용하는 사람이 많다. 예를 들어 봄부터 여름을 거쳐 가을까지 정성껏 기르고 수확한 식재료를 지하 저장고에 보관하는 것이다. 땅 밑은 온도 변화가 그리 크지 않으므로 오랫동안 식재료를 보관할 수 있다. 더욱이 과일이나 감자, 고구마 등은 그것들만 따로 모아서 상자에 담아 두기보다는, 톱밥이 든 상자에 함께 담아서 지하 저장고에 보관한다. 톱밥은 아주 좋은 단열재이므로 식재료를 냉장고에 보관하는 것과 같은 효과를 낸다.

우리 농촌에서도 구덩이를 파고 그 안에 식재료를 묻어 겨우내 보관했다. 그런가 하면 아궁이에서 타고 남은 재를 헛간 한쪽에 모아 그 안에 뿌리를 묻어 두기도 한다. 겨울에 김장하고 남은 무와 배추는 마당 한쪽에 구덩이를 파서 안쪽에 볏짚을 두른 다음 그 안에 보관한다. 물론 무와 배추 사이사이에도 볏짚을 채우고, 위에도 볏짚으로 덮은 다음 구덩이를 흙으로 다시 메워서 무와 배추가 추운 날씨에 얼지 않도록 한다. 이때 한쪽에는 구멍을 내 두었다가 필요한 때에 이 구멍으로 손을 넣어 하나씩 꺼내 먹을 수 있다. 굵게 묶은 볏짚으로 이 구멍을 막아 두면 겨우내 훌륭한 저장소가 만들어진다. 헛간 한쪽에 재를 모아 만든 잿더미 안에는 뿌리식물인 고구마나 감자를 묻어 겨우내 어는 것을 방지한다. 무 구덩이의 볏짚처럼 잿더미 또한 추운 날씨를 견뎌 내는 훌륭한 보온재나 단열재 역할을 한다.

아프지않고
여름나기

더위를 좋아하는 생물

불볕더위가 계속되는 여름 한낮에는 밖에서 일하기는커녕 잠시 산책을 나가기조차 쉽지 않다. 이렇게 더울 때에는 그저 마을 어귀에 서 있는 느티나무 그늘에 앉아 실바람이라도 쐬면서 이웃과 두런두런 이야기를 나누거나 매미 소리를 들으며 혼자 책이라도 읽으면서 쉬고 싶다. 가만히 앉아만 있어도 주르르 땀방울이 흘러내리는 무더위를 이겨 내는 방법에는 여러 가지가 있다. 사방이 탁 트인 대청마루에 앉아 부채를 부치거나 물을 받아 등목이라도 하며 더위를 식히는 전통은 아직도 있다. 요즈음에는 선풍기 바람도 시원하지 않다며 아예 문을 닫고 에어컨을 틀어 방 전체를 식힌다. 도심의 대형 건물이나 고층 건물에서는 건물 전체에 냉방 시설을 가동한다.

더위는 사람은 물론이고 자연의 모든 생물에게까지 영향을 주기 마련이다. 이전에는 해마다 찾아오는 더위를 이겨 내고자 사람들이 자연적인 방법을 찾았지만, 요즈음에는 인위적인 방법을 찾는다. 이렇게 인간처럼 여름철 무더위에 불편함을 많이 느끼는 생물이 있는가 하면, 활개를 치며 좋아하는 생물도 있다. 눈에 보이지 않는 미생물이 바로 이들이다. 많은 종류의 미생물은 거의 매일 섭씨 30도를 웃도는 더위에서도 영양분이 많으면 엄청난 속도로 숫자를 불려 나간다. 우리 주변에 사는 미생물은 거의 대부분 섭씨 20~45도에서 잘 살 수 있는 이른바 중온 미생물(중온균)이다.

사람에게 해를 끼치는 식중독균도, 우리 몸속에서 잘 살 능력을 갖추었기에 우리 몸에 들어와 제멋대로 살면서 문제를 일으킨다. 우리 몸이 일정하게 유지하는 체온인 섭씨 36.5도는 식중독균에게도 살기 좋게 느껴지는 모양이다. 우리에게 해를 끼치는 많은 종류의 미생물은 우리 체온과 비슷한 온도를 좋아하고, 사람들이 편안함을 느끼는 온도에서 함께 살 능력을 갖추고 있다. 그러기에 식중독균은 우리 주변에서 빠르게 증식해 해를 끼치는 것이다. 이처럼 많은 종류의 미생물이 중온 미생물인데, 이들은 더 높은 온도에서는 견디지 못한다. 예를 들자면 섭씨 63도 이상의 비교적 높은 온도에서는 세균들이 보통 죽어 버리고 바이러스까지도 활성을 잃어버린다. 그러므로 온도를 높여 식중독균을 처치하는 것이다. 그러나 높은 온도에서 버틸 수 있는 식중독균도 있다. 황색포도상구균(*Staphylococcus aureus*)이다. 높은 온도로 음식을 살균 처리했다고 하더라도 안심하기에는 이르다.

물론 우리 체온보다 약간 낮은 섭씨 20도 정도의 실온에서도 잘 사는 식중독균이 있다. 그러나 대부분의 미생물은 높은 온도에서 힘을 펴지 못하듯 낮은 온도에서도 잘 버티지 못한다. 식중독균들이 추위를 탄다고나 할까? 물론 대부분의 미생물들이 냉동 온도는 물론이고 냉장 온도에서도 활력을 잃기 마련이다. 그래서 음식이나 식재료는 냉장고나 냉동고에 보관한다. 식중독균이 대부분 냉장고 안에서는 증식하지 못하기 때문이다. 그러나 리스테리아균(*Listeria monocytogenes*)은 예외적으로 냉장 온도에서도 버텨 낼 수 있다. 그래서 냉장고에 보관한 음식을 먹고 식중독이 발병했다면 우선 리스테리아균을 의심해 보아야 한다.

이처럼 미생물이 살아남아 숫자를 불려서 우리에게 식중독이라는 해를 끼치는 데도 온도라는 조건이 밑바닥에서 아주 큰 영향을 미치고 있다. 요즈음은 지구 온난화로 인해 우리나라의 여름도 예전에 비해 점점 더 더워지고 있으니 식중독도 그만큼 더 많이 발생할 것이라 예상된다. 기온이 상승하면서 필연적으로 뒤따르는 환경 변화는 사람은 물론이고 모든 생물과 미생물까지 생태계 전체에 복합적인 영향을 미친다. 그러므로 환경 변화에 따라 생태계 또한 연쇄적으로 변화해 갈 것이라는 관점을 갖고 기후 변화에 더욱 폭넓게 대비하려는 자세를 갖추어야 한다.

미생물이 먼저 먹은 음식을 사람이 먹으면

음식물은 대부분 냉장고나 냉동고에 보관한다. 시중에서 판매되는 음식물 중에는 유통 기한과 보관 방법을 함께 표기한 것이 많다. '냉장 보관'이라고 하면 섭씨 0~10도의 냉장실에, '냉동 보관'이라고 하면 섭씨 영하 18도 이하의 냉동실에 보관해야 한다. 미생물 역시 생물의 일종이므로 살기 위해서는 당연히 먹이가 필요한데, 우리의 음식이 미생물에게도 먹이가 될 수 있다. 특별히 식중독균이 좋아하는 것은 우유나 고기처럼 단백질 성분이 풍부한 음식이다. 그러므로 여름철에는 이러한 단백질 음식이 빨리 상해 식중독의 원인이 되기도 한다. 이러한 이유에서 먹다 남은 음식은 아깝더라도 버리고, 신선한 음식을 먹는 것이 식중독을 현명하게 이겨 내는 방법이다.

식중독은 간단히 말해서 사람들이 상한 음식물을 먹음으로써 겪는 중독 상태를 가리킨다. 음식이 상하는 현상은 세균과 바이러스 같은 미생물이 음식물 속에서 활개 치듯 살아 있기 때문에 나타난다. 이와 같이 식중독을 일으키는 미생물을 일컬어 식중독균이라 한다. 우리 주변에서 발병하는 식중독의 90퍼센트 이상이 바로 이 같은 식중독균에 의한 것이다. 식중독의 대표적인 증상으로는 수인성 질병과 비슷한 설사, 복통, 그리고 고열 등이 있다. 그 외에도 때로는 구토, 발진까지도 나타난다. 몸에 두드러기가 일어나면 식중독이 아닌가 하고 의심하는 것도 두드러기가 일반적인 식중독 증상이기 때문이다.

음식물은 식중독을 일으키는 미생물이 먹는 영양 물질이기도 하다. 즉 같은 음식을 사람과 미생물이 나누어 먹는데, 누가 먼저 먹는가 하는 차이가 있을 뿐이다. 이때 미생물이 먼저 먹은 음식물을 사람이 먹으면 식중독이 발병하게 된다. 즉 식중독이라 하면 대부분 그 원인이 되는 미생물이 있기 마련이다. 그런데 식중독이 반드시 미생물에 감염되어 일어나는 것만은 아니다. 식중독을 일으키는 독소에는 중금속을 비롯해 여러 가지가 있다. 게다가 살균을 거쳐 미생물이 모두 없어졌다고 하더라도, 미생물이 분비한 독소는 음식물에 여전히 남아서 식중독을 일으킬 수 있다. 그러나 대부분은 식중독의 원인이 되는 미생물이 음식물 안에서 증식하거나, 미생물이 분비한 독소가 음식물 안에 남아서 식중독을 일으킨다. 그러기에 식중독과 식중독 미생물은 서로 맞물려 있는 실과 바늘 같은 관계를 이룬다.

우리에게 해를 끼치는 대표적인 식중독균으로는 살모넬라균(*Salmonella typhi*)과 황색포도상구균, 리스테리아균, 이질균(*Shiegella spp.*), 콜레라균(*Vibrio cholerae*), 보툴리누스균(*Clostridium botulinum*) 등을 꼽는다. 살모넬라균은 지금까지 알려진 종류가 1,300가지를 훨씬 넘는다고 하니 살모넬라균 가운데에서도 어떤 종류인지 정확히 구분하기조차 어려울 때가 많다. 콜레라나 장티푸스, 이질 따위는 전염성이 강한 균이므로 이들은 특별히 나라에서 관리하는 법정 전염 병균으로 구분한다.

식중독을 일으키는 미생물 가운데 대장균 종류는 잠복기가 일주

아프지 않고 여름나기

일을 넘기기도 해서, 음식을 먹자마자 바로 식중독 증상이 나타나지 않을 수도 있다. 그렇지만 황색포도상구균은 잠복기가 2~4시간 정도로 짧아서 식중독 증상을 금방 일으키는 대표적인 균이다. 더욱이 황색포도상구균은 우리 몸에 침입해 장에서 독소를 분비한다는 특성이 있다. 이처럼 장에서 분비된 독소가 소듐을 비롯한 다른 무기 이온을 체내에서 배출시켜서 장내 삼투압을 변화시킨다. 더 나아가 물 또한 체내에서 배출시키니, 이것이 설사를 일으키는 원인이 된다. 따라서 이러한 세균을 '독소형' 세균이라 부르기도 한다.

역학 조사를 통해 병원균을 알다

사람들이 밀집해 거주하는 지역에서 새로운 병이 나타나면 그 병의 원인이 밝혀지기 전까지는 모두의 걱정이 크다. 보건 당국에서는 원인을 알 수 없는 병이 집단적으로 발생하면 하루라도 빨리 원인을 밝히려는 역학 조사(疫學調査, epidemiological survey)를 실시한다. 역학 조사는 우선 환자의 병이 어떤 종류인지 정확히 파악하기 위해 환자의 배설물이나 주변 물건에서 병원균이 검출되는지를 확인한다. 이렇게 조사를 통해 원인이 되는 병원균을 알고 나면 그 병원균이 어디에서 비롯했는지 다시 밝혀내야 한다. 처음 발생할 때는 사람들이 원인을 몰라 걱정하지만, 원인을 정확히 밝혀내는 것만으로도 병의 확산을 막을 수 있기에 두려움에서 벗어나 안심할 수 있다.

역학 조사를 통해 병원균의 정체를 밝혀냈다고 해서 모두 끝난 것은 아니다. 그 병원균이 어디에서 비롯했는지를 정확히 밝혀내는 일은 병원균의 정체를 밝히는 일보다도 훨씬 더 어려울 때가 많다. 우리나라에서 여름철이면 가끔 발생하는 콜레라는 콜레라균이 옮기는 법정 전염병이자 수인성 질병이다. 전염 속도가 빠르기 때문에 사람들은 이 병을 가벼이 여기지 않고 1급 법정 전염병으로 분류해 관리한다. 다른 수인성 질병과 마찬가지로 콜레라는 발열과 구토, 그리고 설사 증상을 일으킨다. 콜레라 환자들은 엄청나게 많은 양의 쌀뜨물 같은 설사를 하는데, 이는 심각한 탈수 현상으로 이어져서 환자를 죽음에까지 이르게 한다. 병의 진행 속도가 너무나 빨라서 한낮에는 멀쩡했던 사람이 해 떨어지기 전에 죽어 땅에 묻힌다는 말이 나올 정도이다.

예전에는 콜레라가 크게 발병하면 그에 대한 적절한 대응 방법을 찾아내지 못해서 속수무책으로 당할 수밖에 없었다. 그러나 지금은 콜레라가 세균에 의한 병이라는 사실을 알고, 병을 치료할 수 있는 항생제를 개발했기에 예전처럼 이 병을 두려워하지는 않는다. 그렇다고 걱정할 필요가 전혀 없는 것은 아니다. 전염력이 강한 콜레라는 여전히 한번 발병하면 순식간에 주변으로 퍼져 나가면서 무서운 위력을 떨치기에, 모두 조심스럽게 살펴보고 현명하게 대처해야 한다. 콜레라처럼 잘 전파되는 병원균이 어디에서 비롯했는지 분명히 밝혀내는 것이 병의 전파를 막고 사람들을 안심시키기 위해 반드시 필요하다.

그러기 위해서는 무엇보다도 정확한 역학 조사가 빠른 시간 안에 이루어져야만 한다. 환자들이 공통적으로 감염된 병원균을 조사하면서 이 환자들이 병에 걸리기 전에 어떤 공통적인 행동을 했는지 일일이 확인해 보는 등, 자그마한 흔적들에서 하나의 완전한 이야기를 찾아내야 하는 것이 역학 조사이기 때문이다. 말은 비교적 간단해 보이지만, 실제로는 많은 환자에게서 공통된 사항을 찾아내야 하므로 결코 간단히 풀리지 않는다.

전염병의 원인을 밝히기 위한 역학 조사의 가장 대표적인 예로는 1854년 영국 런던에서 발병한 콜레라의 원인을 찾아내고자 존 스노 (John Snow)가 수행한 것이 있다. 당시 영국에서 콜레라는 주기적으로 발생하면서 많은 사람의 생명을 앗아 갔기 때문에 모두 크게 두려워하는 질병이었다. 스노는 우선 환자들의 관계에 관심을 갖고, 어떤 관계를 맺은 사람들이 콜레라에 걸렸는지 살펴보았다. 그 결과 그는 같은 물을 마신 사람들 중에서 많은 콜레라 환자가 발생했다는 사실을 찾아냈다. 당시에도 도시에는 많은 사람이 모여 살았지만, 지금의 수돗물처럼 물을 소독해 시민들에게 공급하는 체계는 확립되지 못했다. 그래서 당시 런던 시민들은 공동의 지하수를 쓸 수밖에 없었다. 스노는 사람들이 길어다 마신 지하수가 병원균에 오염되었을 것이라 추정했고, 사람들이 계속해서 같은 물을 마시면 더 많은 환자가 발생할 것이라고 경고했다. 그러나 사람들은 이 경고를 받아들이지 않고 무시했다. 당시 런던 시민들은 지표면에 파 놓은 우물이 아니라 지하에 관을 연결시킨 펌프로 지하수를 뽑아 올려 썼다고 하는데, 사람들이 경고를 무시하자 스노가 펌프 손잡이를 아예 떼어 버림으로써 콜레라가 더 전파되는 것을 막았다고 한다. 이 이야기는 지금까지도 역학 조사의 모범 사례로 널리 알려져 있다.

이와 같은 스노의 노력이 있었기에 사람들은 콜레라에 대한 효과적인 대처 방법을 찾을 수 있었고, 이를 계기로 희생을 크게 줄일 수 있었다. 콜레라의 원인 균은 그로부터 30년이 지난 1884년에 이르러서야 비로소 로베르트 코흐(Robert Koch)에 의해 확인되었다. 콜레라균을 확인하고 그에 대한 적절한 대처 방법을 찾아냄으로써, 콜레라에 대한 두려움은 그 후 조금씩 잦아들었다.

과학을 바탕으로 병을 예방하자

1995년 경상북도 포항시와 2001년 경상북도 영천시, 그리고 2016년 경상남도 거제시에서 발생한 콜레라도 보건 당국의 신속한 대처에 힘입어 더 크게 확산되지 않고 큰 피해 없이 수그러들었다. 보건 당국은 2016년 콜레라의 원인으로 우리나라 항구에 정박한 화물선에서 병원균이 흘러나왔을 것이라고 추정해 발표했다. 이를 "추정"이라고 한 데에는, 원인을 제공했을 것으로 보이는 화물선이 이미 다른 곳으로 떠나 버렸기에 당시에 바로 확인할 수 없었다는 뜻이 있다.

아프지않고여름나기

화물선이 원인이었다면 콜레라에 걸린 화물선 선원이 항구에 내렸다가 다른 사람들에게 전염시킨 것이라 넘겨짚기 쉽다. 그러나 병원균의 전파 원인은 선원이 아닌 배의 구조에 있다. 먼 바다를 항해하는 배는 크기도 커야 하지만 높은 파도도 타고 넘어야 하고 물살을 가르며 빠른 속력으로 나아갈 수 있어야 한다. 그러려면 뱃바닥이 평평한 평저형보다는, 뱃바닥 가운데가 아래로 칼날처럼 내려간 첨저형 구조가 더욱 효과적이다.

그런데 먼 곳까지 짐을 많이 싣고 다니는 화물선의 경우 속력뿐만 아니라 배의 무게 중심도 매우 중요하다. 바닥이 평평한 배는 짐을 많이 싣더라도 무게 중심이 아래로 내려가므로 별 문제가 되지 않는다. 그런데 뱃바닥 가운데가 날카롭게 솟아난 첨저형 배는 짐의 무게가 늘어날수록 무게 중심이 조금씩 위로 올라가며 배의 안정성은 떨어진다. 그러므로 무게 중심을 낮추기 위한 대책으로 배 밑 공간에 바닷물을 채우는 방법을 찾아낸 것이다. 바닥이 첨저형으로 된 화물선에 짐을 실을 때에는 배 밑 공간에 물을 채워 무게 중심을 낮추었다가, 목적지에 닿아 짐을 내리고 나면 필요 없는 물을 밖으로 내버린다. 이처럼 화물선은 항구에서 항구로 드나들 때마다 선박 평형수를 담았다 내보내기를 반복한다. 그러므로 따뜻한 열대 지방이나 아열대 지방의 항구를 거쳐 우리나라 항구에 들어온 화물선이 오염된 조절수를 우리 바다로 흘려보낸 것이 원인이었을 수도 있다.

만약 선박 평형수가 병원균에 오염되었다면, 이 병원균은 우선 갑각류와 어류를 전염시킬 것이다. 그리고 오염된 갑각류나 어류를 잡아 먹은 사람들까지 전염시킬 수 있다. 이를 막기 위해서는 소독이 필요하지만, 바닷물을 철저히 소독할 수는 없는 노릇이다. 더욱이 몇몇 감염자들은 자신도 모르는 사이에 병을 주변에 전파시킬 수도 있다.

이 같은 전염병의 전파를 막기 위해서는 어떻게든 소독과 예방, 그리고 검역을 철저히 할 수밖에 없다. 지금까지 콜레라는 19세기와 20세기에 걸쳐 산업과 문화가 발전하는 동안 주기적으로 대발생한 경우가 많았다. 또한 자세히 살펴보면 아시아, 아프리카, 유럽의 항구 도시를 중심으로 병이 퍼져 나간 경우가 많았다. 그렇다면 콜레라는 항구를 드나드는 화물선이 원인을 제공했을 수도 있다.

여름철에 자주 발생하는 식중독 사고를 막으려면 무엇보다도 청결이 우선이다. 가장 쉬운 예방법은 무엇보다도 손 씻기이다. 외출했다 돌아왔거나, 더러운 것을 만졌거나, 화장실에 다녀온 뒤에는 반드시 손을 씻어야 한다. 손에는 여러 식중독균이 묻어 있을 수 있으니, 손 씻는 습관은 어려서부터 길러야 한다. 또한 손에 상처가 있는 사람은 상처가 나을 때까지 음식을 조리하지 않아야 한다. 혹시라도 황색포도상구균에 오염되었을 수 있기 때문이다. 또한 식중독을 앓았다가 나았다고 해도 2~3일은 음식 조리에서 손을 놓아야 하고, 바이러스에 감염된 사람도 완전히 나을 때까지 음식을 조리하지 말아야 한다. 간단한 소독과 예방만으로도 주변에서 혹시라도 일어날지 모르는 식중독을 막을 수 있다.

아프지않고여름나기

요즈음에는 전염병 균의 발생 원인을 찾아내는 방법과 기술이 매우 정교해졌다. 또한 전염병 균에 대한 자료도 많이 확보하고 있으므로, 과학적인 지식을 동원해 전염병과 맞서 싸우며 안전을 지킬 수 있다. 전염병에 대한 시민들의 의식 수준도 높아졌기에, 옛날처럼 전염병에 대해 막연히 두려워하며 걱정만 하고 있지는 않다. 일단 전염병이 발병했다 하더라도 역학 조사와 대응의 속도를 키워 왔고, 무엇보다도 시민들의 자발적인 예방 의식이 전염병의 전파를 차단했다. 언제 어디서든지 발생할 수 있는 것이 병이지만, 과학 지식을 바탕으로 보건 당국과 시민이 힘을 합하면 어떤 어려움도 충분히 극복해 나갈 수 있다.

가을볕에 차오르는
한 해의 결실

곡식이 여무는 때

무더운 여름이 지나고 시원한 바람이 느껴질 때면 어느덧 가을이 성큼 다가와 있음을 알 수 있다. 푸르던 나뭇잎은 어느 사이엔가 색깔을 조금씩 바꾸면서 세상을 새로운 색으로 물들이기 시작한다. 푸른색이던 세상이 노란색, 주황색, 갈색, 빨간색으로 하루가 다르게 바뀐다. 들판의 곡식도 어느 틈엔가 노랗게 물들다가 황금색으로 바뀌어 금빛 바다를 만든다. 봄 새싹으로 시작한 생명이 여름의 푸름을 자랑하다가 가을의 결실로 마무리하려는 모양이다. 조금 더 시간이 흐르면 차가운 겨울바람에 이파리가 떨어져 수북이 쌓여서는, 낙엽 더미 밑에서부터 스멀스멀 부스러져서 내년 봄에 다시 싹이 돋아나는 데 밑거름으로 쓰일 것이다. 봄부터 여름과 가을을 거쳐 겨울에 이르는 한 해는 결코 짧은 시간이 아니지만, 연말이 되면 한 해가 빠르게 지나가 버렸음에 문득 놀라기도 한다.

곡식이 무르익는 가을 들판 한복판을 한적한 시골길 따라 자동차로 달리다 보면 아스팔트나 시멘트 포장 도로에 곡식을 쭉 널어놓고 말리는 풍경을 볼 수 있다. 혹시나 자동차 바퀴에 깔려 곡식이 부스러지지 않을까 염려하면서 속도를 줄이고 조심스레 운전하게 된다. 그러다가도 마음속으로는 '마당에서나 할 일이지, 왜 길가에 널어 말리는가?' 하고 투덜거려 본다. 그러나 한 해 농사를 지어 수확한 농부에게는 그만한 사정이 있다. 수확한 벼를 바로 포대에 담아 저장하면 수분이 많아 금방 곰팡이가 피고 썩어 버리기 때문이다. 그렇다고 벼가 마를 때까지 언제까지고 기다리기만 할 수도 없는 노릇이다. 하루라도 빨리 말려 보관하려는 마음이기에 볕이 잘 드는 곳을 찾아 널어 말리는 것이다.

모든 곡식이 다 그렇다. 열매를 맺었다 해서 모든 것이 간단히 끝나지 않는다. 열매를 보관하는 데 알맞은 방법을 찾아 잘 갈무리해야만 오래도록 저장하며 식량으로 이용할 수 있는 법이다. 가을에 수확한 곡식을 햇볕에 잘 말리는 것 또한 미생물에 의한 부패를 방지하려는 오래된 생활의 지혜이다. 오래전부터 사람들은 먹을거리 하나라도 절대로 그대로 내버려 두지 않고 적당한 방법으로 처리해 보관했다. 이를테면 푸성귀나 나무열매는 흙을 털어 내고, 먼지를 닦고, 곁가지를 추리고, 이파리를 다듬고, 같은 것을 하나로 묶거나 엮어서 적당한 장소를 골라 보관하는 방법을 생각해 냈다. 가을에 거두어들인 먹을거리를 제대로 처리하지 않고 그대로 놓아두면 겨우내 굶주려야 한다는 사실을 경험한 사람들이 작은 깨달음 하나라도 가볍게 여기지 않고 생활에 필요한 지혜로 발전시켜 나갔다.

우리의 주식인 벼만 해도 알맞은 보관법이 필요하다. 벼는 무논에서 재배하는 친수성 작물로 물과 특별히 가까이하려는 특성이 있다. 다 익은 벼가 수확을 앞두고 비바람에 쓰러져 열매가 물에 닿게 되면 사흘만 지나도 그 자리에서 싹이 돋는다. 벼는 원래 기후가 따뜻한 지역의 강 유역에서 자랐다. 종종 불어나는 강물에 휩쓸려 줄기가 쓰러지면 쓰러진 마디에서 뿌리가 나고 수면 위로 줄기가 자라(벼 조상 중에는 5~6미터까지 자라는 것도 있다.) 열매를 맺는다. 이처럼 물과 가까이 지내는 작물인 벼는 수분 함량이 비교적 높은 편이다. 따라서 오랫동안 저장하려면 충분히 건조해야만 한다.

수확기에 접어든 들판을 지나가다 보면 벼보다도 유난히 키가 큰 피가 많이 자란 것을 볼 때가 있다. 피는 열매가 좁쌀처럼 작으며 논에 나는 잡초이다. 피가 많다면 그만큼 잡초를 잘 뽑지 않은 것이다. 게다가 피는 흉년에 먹을 것이 없을 때 억지로 먹는 것이라고 '피죽으로 연명한다.'라는 말도 있었다. 요즈음은 사람들이 논에 들어가 뙤약볕 아래에서 허리를 굽히고 일일이 잡초를 제거하는 대신, 벼에는 해를 주지 않고 피만 제거하는 제초제를 뿌린다. 물론 그렇다고 모든 농부가 제초제를 뿌린다는 말은 아니다.

제초제나 살충제, 살균제 모두 농사일에 쓰이는 농약이다. 그러나 농약과 비료를 거의 쓰지 않는 친환경적인 작물 재배법이 각광을 받으면서, 예전 같으면 피가 많은 논을 보고 농부가 게으르다고 손가락질했건만 요즈음에는 제초제를 뿌리지 않았다고 높이 평가한다. 피를 자세히 보면 이삭에 붙어 있는 콩만 한 크기의 검은 덩어리를 볼 수도 있다. 이 또한 농약을 뿌리지 않아 작물에 나타나는 병해 가운데 하나이다. 깜부기라는 일종의 곰팡이인데, 인간에게 환각을 일으킬 수 있는 병원균이다. 친환경적인 농법으로 농사를 짓다 보면 이만한 손해는 감수해야 하는지 모르겠다.

자연 살균이라는 오랜 지혜

알고 보면 우리 주변의 작은 지혜들도 과학적인 지식에 근거하고 있다. 이것들은 봄부터 겨울에 이르는 내내 우리 주변에 있으면서, 곱씹을수록 그 슬기로움을 느끼게 한다. 한 가지 예로, 사람들은 가끔 집안의 물건들을 정기적으로 바깥에 내어다 햇볕과 바람을 쐬어 습기를 제거한다. 우리 주변에 엄청나게 많은 미생물 가운데 우리에게 해를 끼치는 미생물의 증식을 억제하려는 것이다. 이 또한 아주 오래전부터 옛사람들이 자주 해 온 살림의 지혜이다.

요즈음처럼 약품을 이용해 미생물을 죽이는 살균의 개념을 알지 못했던 옛사람들이지만, 그들은 오랜 경험을 통해 깨끗하고 위생적인 처리 방법을 알고 있었다. 웬만한 살림살이는 가끔 바람을 쐬거나 햇볕에 널어 말리는 가장 손쉬운 방법이 있었다. 그들은 틈나는 대로 깨끗이 빤 빨래는 물론이고 식칼이나 도마, 대나무 소쿠리나 광주리 등을 햇볕이 쨍쨍 내리쬐는 마당이나 장독대, 또는 마루에 내어다 말렸다. 부엌의 조리 기구는 물론이고 이부자리까지도 햇볕에 널어 말리는 것은 오래전부터 자외선을 이용한 자연 살균법이다.

이발소나 미용실에서 여러 미용 도구를 자외선 살균 상자에 넣어 두었다가 꺼내 쓴다든지, 음식점에서 컵을 살균기 안에 넣어두고 쓴다든지 하는 것도 모두 미생물의 위험에서 벗어나기 위한, 우리 주변에서 쉽게 보이는 방법들이다. 산에서 흘러 내려오는 계곡물이나 들판을 가로지르는 시냇물도 햇빛을 받으면 자연적으로 살균되기 마련이다. 자외선의 살균력은 물속 깊은 곳에는 미치지 못하고 주로 표면에만 작용하지만, 물이 뒤섞이고 조약돌을 굴리면서 흐르는 곳에서는 살균력이 구석구석 작용하고 산소도 그만큼 물에 더 많이 녹아들어 사람들이 쓰기에도 좋은 물이 된다. 자외선 살균등이 내리쬐는 실험실 공간도 자외선의 살균력을 이용해 미생물의 오염을 방지하기 위해 마련된 것이다.

자외선은 햇빛의 파장을 나누었을 때 가시광선(380~720나노미터)보다 짧은 파장을 띠는 전자기파로, 자외선의 파장은 가시광선의 경계인 380나노미터보다 짧다. 자외선은 에너지가 크고 화학 작용, 생리 작용이 강하지만, 대기 중에서 대부분 산란되거나 흡수되므로 지상으로 오는 양은 많지 않다. 그래도 자외선을 많이 쪼이면 선탠을 하는 것처럼 살갗이 타거나 피부암이 생길 수 있다. 따라서 돌연변이나 면역 실험에서 동물에 자외선을 쪼이고 나타나는 반응을 조사하기도 한다. 또한 자외선이 지닌 살균력을 이용하고자 가재 도구를 햇볕에 쪼이고 자외선 살균기를 만든다.

식재료를 갈무리하는 데 쓰이는 가장 손쉬운 방법 중 하나가 물기를 없애고 바짝 말리는 것이다. 곡식과 열매를 비롯한 식물성 식재료는 물론이고 고기와 생선에 이르기까지, 가능한 한 물기를 빼서 바짝 말려 둔 식재료에는 미생물이 대부분 증식할 수 없기 때문에 이는 효과적인 보존법이다. 밥을 푸고 난 솥 바닥에 남은 누룽지는 물을 붓고 한 번 더 끓여 먹어도 맛있기는 하지만, 나중에 먹으려고 누룽지만 긁어모아 말려 두었다가 생각날 때 군것질거리로 먹기도 한다. 이때 누룽지는 바짝 말리는 것이 오래도록 보존하는 방법이다. 누룽지는 물기가 적으므로 비교적 오래 보관할 수 있다. 그러나 그릇에 밥을 담아 두면 오래가지 못하고 쉽게 상하기 마련이다. 미생물이 번식하기에 좋은 여름에는 더욱 빨리 상한다. 그렇지만 밥을 대나무 소쿠리에 담아 두면 훨씬 더 오래 보존할 수 있다. 대나무 소쿠리는 바람이 잘 통하므로 그 안에 담아 둔 밥이 잘 건조되어 비교적 오랫동안 상하지 않을 수 있다.

먹을거리를 말려 오래도록 보관하는 음식 종류에는 여러 가지가 있다. 쇠고기를 말린 육포, 조기를 말린 굴비와 명태를 말린 북어, 그리고 마른 오징어는 대표적인 말린 고기들이다. 건포도, 곶감, 대추도 오래도록 보관하기 위해 나무열매를 말린 것이다. 그런가 하면 호박이나 가지, 토마토 등의 열매채소나 무나 배추와 같은 이파리채소도 잘 말려 보관하기도 한다. 이파리를 말려 두었다가 겨우내 조금씩 꺼내 국으로 끓여 먹는 시래기는 무 이파리를 말린 것이다. 그런가 하면 사람들이 시래기와 잘 구별하지 못하는 우거지도 있는데, 우거지는 배추 이파리를 말린 것이다.

그런데 아무리 바짝 말린 음식이라 하더라도 그 안에 물기가 전혀 없는 것은 아니다. 생물은 대부분 몸의 4분의 3 이상이 물로 이루어져 있으므로, 태우지 않고 물기를 완전히 제거하기란 불가능하다. 자칫 잘못 씹으면 이가 부러질 정도로 딱딱하게 잘 마른 오징어라 하더라도 전자레인지에 넣고 돌리면 불에 구운 것처럼 뜨거워지면서 도르르 말린다. 전자레인지는 물 분자의 전자를 들뜬 상태로 만들어 나오는 열을 이용하는 전자 제품이므로, 마른 오징어가 전자레인지에서 익는다면 그 안에 물기가 있는 것이다. 실제로 바짝 마른 오징어에도 물기는 절반 정도나 남아 있다. 물론 그 정도 물기로는 미생물들이 증식하기 어려우므로 오징어가 상하지 않으면서 오래도록 보관되는 것이다.

가을볕에 차오르는 한 해의 결실

해가 짧아지는 계절의 문턱에서

맛있는 음식을 찾아 먹으려는 우리의 당연한 욕망은 식욕(食慾)이라 불린다. 사람들은 목적에 따라 필요한 만큼 여러 종류의 첨가물을 음식에 넣는다. 음식의 산화를 방지하려는 목적으로 항산화제를 넣고, 미생물의 활동을 막기 위해 항균 방부제를 첨가하며, 금속 이온에 대한 영향을 억제하려는 목적으로 제거제를 넣고, 식품의 맛을 더해 주고자 향미 증진제 등을 첨가하기도 한다. 이 외에도 식품을 연하게 하거나 딱딱하게 하기 위해서는 각각 연화제와 경화제 등을 넣기도 한다. 이러한 물질들은 모두 음식을 오랫동안 보관하면서 맛있는 상태를 유지하고자 넣는 대표적인 식품 첨가물이다.

그러나 요즈음에는 음식의 맛 못지않게 건강을 중요하게 여겨 맛과 건강을 동시에 만족시키는 음식을 찾는 사람들이 많아졌다. 아마도 이러한 사람들의 바람을 충족시킬 수 있는 것은 건강한 먹을거리로 만들어 낸 자연 밥상일 것이다. 오래전부터 먹어 온 거친 음식들이 요즈음에는 건강에 좋은 음식으로 알려지면서 사람들의 관심을 끈다. 우리 생활에도 이와 비슷한 점이 많이 있다. 그동안 우리가 하찮게 여겨 온 자그마한 것들이 오늘날 다시 보면 과학적인 근거를 둔 생활의 지혜로 새로운 의미를 더해 주고 있기 때문이다.

지금까지 많은 사람의 노력에 힘입어 미생물에 대한 지식과 정보가 많이 확보되기는 했지만, 그래도 미생물이 전혀 없는 멸균 상태를 오랫동안 그대로 유지하기는 대단히 어렵다. 가끔은 무균이나 멸균 상태를 유지할 필요가 있을 때도 있지만, 일상에서 굳이 그런 상태를 항상 유지해야 하는 것은 아니다. 무균이나 멸균보다는 오히려 미생물을 피하거나 부분적으로 활동을 억제하는 정도만으로도 미생물에 의한 피해를 줄일 수 있다. 게다가 요즈음에는 과학 기술의 발전에 힘입어 빠르고도 간단한 살균법이 널리 알려져 있다. 그러기에 요즈음은 인위적으로 균이 없는 상태를 만들기보다는 자연 친화적이고도 위생적으로 균을 관리하는 상태를 꾀하고 있다.

자연 속에서, 자연과 함께 살아온 우리의 옛 생활 방식은 오늘날 우리가 원하는 생활 방식과 닮은 점이 많다. 옛사람들은 미생물을 우선 가까이하지 않는 것으로, 그래도 가까이 다가오면 피하는 것으로, 그러다 어쩔 수 없이 마주친다면 건강으로 이겨 내야 하는 것으로 여겼다. 그렇기에 끓이거나 삶거나, 절이거나 담그거나 햇볕에 널어 말리는 것처럼 간단한 방법들을 생활의 지혜로 충분히 활용했다. 비록 손이 한 번 더 가고 발품을 팔아야 하는 등 귀찮은 점이 있기는 하지만 말이다. 자연과 함께한 옛사람의 생활 방식에서 좋은 점을 찾아 현대 생활에 적용해 보는 것 또한 아름다운 일이다.

햇볕은 우리에게 밝은 빛만 주는 것이 아니다. 어둠을 물리치는 햇볕 속에는 열에너지도 함께 들어 있다. 그뿐만 아니라 살균력을 지닌 자외선이 햇볕에 들어 있다는 사실을 알고부터는 우리에게 해를 끼치는 미생물을 없애는 데도 이용하고 있다. 이처럼 우리는 오래전부터 햇볕을 닐리 써 오며 여러모로 도움을 얻었다. 지금도 집을 지으면서 되도록 커다란 창을 내거나 아예 천장에 큰 구멍을 뚫어 햇볕을 집 안으로 끌어들인다. 그만큼 햇볕을 많이 쐬려는 바람이 담긴 것이다. 가을이 되어 여름 내내 길었던 낮이 점차 짧아지고 밤이 조금씩 길어지면 우리는 햇볕의 소중함을 다시금 깨닫는다.

추위야
물렀거라

건조함이 부르는 병

12월, 마지막 한 장 남은 달력을 보면서 사람들은 벌써 한 해가 다 지나갔는가 느끼고 무척이나 아쉬워한다. 물론 한 해가 저무는 것에 대해 나이 든 사람들과 나이 어린 사람들의 감상이 서로 다를 수 있다. 경험에 따라 느낌도 달라지기 때문이다. 겨울 하면 어린아이들은 아마 흰 눈과 함께 성탄절에 받는 선물, 그리고 즐거운 방학을 떠올릴 것이다. 마냥 즐거워하는 어린아이들과는 달리, 어른들은 올해 무엇을 얼마나 했는가 반성하게 된다. 여기에서 아주 많은 차이를 느낄 수 있다.

겨울철에는 날씨가 건조하다고 하는데, 도대체 얼마나 건조한지 선뜻 이해하기는 어렵다. 날씨가 건조하면 나무도 쉽게 마른다. 예로부터 우리 주변에는 나무로 만든 것이 많았다. 집을 짓는 재료는 물론이고 집안 살림을 만드는 재료도 대개는 나무였다. 요즈음에도 방과 거실에서 쓰는 가구 대부분이 나무로 만들어진 것이다. 장롱과 침대, 책상과 의자, 식탁과 장식장, 탁자와 소파, 그리고 마룻바닥에 이르기까지 대부분이 그렇다.

옛 가구 가운데 요즈음에도 많이 쓰는 것으로 교자상이 있다. 거실에서 소파 앞에 놓아두고 탁자 대신 쓰는 가구이다. 그런데 교자상은 상판과 다리가 따로 만들어져서 이음매가 있다. 바깥을 따라 반 뼘 정도의 간격을 두고 따로 만든 판이 끼워져 있다. 언뜻 다리와 상판이 하나로 붙어 있는 듯 보이지만, 자세히 살펴보면 상판과 다리를 따로 만들어서 끼워 놓았음을 알 수 있다. 이는 겨울이 되면 더욱 뚜렷해진다. 건조한 날씨에 나무가 줄어들면서 다리와 상판 사이에 살짝 틈이 보일 정도까지 벌어지기 때문이다.

교자상의 이러한 특징을 모르는 사람 중에는 상이 낡아서 망가졌다고 여기고 이참에 새것으로 바꾸어 버리자고 생각하는 이도 있다. 겨울에는 잘 여닫히던 장롱문이 여름에 찰싹 달라붙어 뻑뻑하거나 아예 꼼짝 않고 붙어 버린 적도 있을 것이다. 이 모든 것이 습기와 관계있는 사례들이다. 옛사람들이 가구 하나를 만들 때 교자상처럼 상판과 다리를 하나로 만들지 않고 따로 떼어 수축과 팽창에 대처한 것도 이 같은 현상을 알았던 생활의 지혜이다.

사람의 몸 또한 습도 변화에 반응하는 정도가 다르기는 마찬가지이다. 습기가 많은 계절에는 몸 안팎이 눅눅하게 느껴지고 끈적거리는 것이 거추장스럽다. 그러다가도 습기가 적어지면 개운해지지만, 적어진 정도가 더 커지면 우리 몸의 수분이 빠져나가면서 특정한 증상이 나타나기도 한다. 이를테면 환절기에는 피부가 메말라 얼굴이 푸석푸석해지며 피부가 거칠어져 피부 보습제를 바르지 않으면 견디기 힘들어진다. 얼굴은 물론이고 손과 발도 거칠어지고 심하면 갈라지기까지 한다. 이를 일컬어 '손발이 튼다.'고 하는데, 이들 모두가 건조해서 일어나는 일이다.

피부뿐만이 아니라 몸 안팎이 맞닿아 있는 호흡 기관이 건조해지면 마른기침과 잔기침이 잦아진다. 겨울철에는 호흡기와 관계있는 병이 많이 발생하므로 다른 계절보다도 건강 관리에 유의해야 한다. 겨울에 많이 발생하는 병으로는 감기와 독감을 꼽을 수 있다. 과거에는 감기와 독감을 거의 구별하지 않고 비슷한 병으로 치부하거나, 감기가 심해져 독감이 된다고 잘못 알았다. 한자어 감기(感氣)와 독감(毒感)이 비슷한 탓에 서로 같은 종류라고 착각하게 만들기도 했다. 그런데 요즈음에는 과학적인 사실이 널리 알려져 감기와 독감을 서로 다른 병원균에 의해 일어나는 병으로 제대로 인식하는 사람들이 더 많다. 이는 과학이 교양으로 발전한 하나의 작은 예이다.

감기와 독감은 공통점이 많다. 우선 겨울에 많이 발생하는 호흡기 질병이며 둘 다 바이러스라는 병원체가 원인이다. 그래서 두 가지가 비슷한 병이라고 여겨 이름도 그렇게 붙인 것이란 해석이 가능하다.

그런데 비슷해 보이던 두 병의 원인이 서로 다른 바이러스라는 사실이 알려졌다. 감기를 일으키는 바이러스에는 리노 바이러스를 비롯해 아데노 바이러스, 코로나 바이러스 등 수십 가지가 있다. 반면 독감은 인플루엔자 바이러스 한 종류에 의해서만 일어난다. 또 분명한 것은 아니나 감기는 사계절 언제라도 자주 발생하는 반면, 독감은 주로 겨울철에만 발생한다.

독감을 이기려면

독감은 인플루엔자 바이러스가 호흡기에 침입해 허파 조직에서 증식하면서 허파에 손상을 입힌다. 허파 손상이 지속되면 환자는 호흡 곤란 증세를 겪다 결국에는 사망에 이르기까지 한다. 물론 독감 자체만으로도 강한 독성을 지니지만, 폐렴 등의 합병증을 일으켜 환자의 상태를 더욱 악화시키고 심지어는 사망에 이르게 하는 경우가 많아 더욱 위험한 병이다. 지난 1918년 세계적으로 맹위를 떨친 스페인 독감은 6개월이라는 짧은 기간에 2000만 명이라는 엄청난 인명을 희생시켰다. 스페인 독감의 전체 희생자는 최소 5000만 명 이상이었을 것으로 추산된다.

독감이 특히 겨울철에 유행하는 것은 추위 때문에 몸의 면역 기능이 떨어지고 기관지 점막이 건조해지기 때문이다. 그만큼 독감에 걸릴 가능성도 높아진다. 그러므로 독감에 걸리지 않기 위해서, 또는 독감에 걸렸더라도 빨리 낫기 위해서는 떨어진 몸의 면역 기능을 되찾아 주고 부족한 수분을 보충해야만 한다. 더욱이 싱싱한 채소와 과일을 많이 먹어 비타민 A와 비타민 C를 많이 섭취하는 것이 감기와 독감의 예방과 치료에 큰 도움이 된다. 당근, 올리브유, 마늘, 레몬 등을 곁들인 소스나 음식도 예방과 치료의 효과를 높인다. 다시 말해 감기나 독감을 이기려면 추운 겨울 날씨에 무리한 운동을 삼가고 휴식을 충분히 취하며, 수분과 영양을 잘 공급하고, 손발을 깨끗이 해야 한다. 즉 무리하지 말고 잘 먹고 푹 쉬면 괜찮다는 아주 평범한 말이지만, 말처럼 그리 쉬운 일이 아닌가 보다.

겨울철 감기나 독감을 예방하는 가장 간단한 방법으로는 수분 보충이 있다. 특히 어린아이나 노약자가 있는 집에서는 겨울철 방안이나 마루에 가습기를 틀어 놓아 습도를 높여 주면 건강을 지키는 데 큰 도움이 된다. 가습기를 틀면 한여름 밤에 모깃불을 피우듯이 수증기가 모락모락 피어오르는 것을 볼 수 있다. 그때만 해도 수증기가 무척 많아 보이지만, 금세 공기 중으로 흩어지는 것을 보면 그만큼 공기가 건조하다는 사실을 눈으로 볼 수 있다. 집안에 가습기를 오래 틀다 보면 가습기 안에 물때라는 곰팡이가 낀다. 가습기 안에 한번 곰팡이가 자라기 시작하면 쉽게 사라지지 않으므로, 귀찮더라도 정기적으로 가습기 내부와 물통을 깨끗이 청소할 필요가 있다.

가구가 많은 집은 건강만이 아니라 가구를 보호할 목적으로도 가습기를 틀어 놓는다. 바짝 마른 공기에서는 우리 입술이 타들어 가는 것처럼 가구가 말라서 터지는 경우가 종종 있기 때문이다. 특히 귀한 고가구가 건조한 겨울철에 행여 터지거나 상하는 언짢은 일이 가끔 있다. 꼭 가습기가 아니더라도 식물이 자라는 화분 몇 개를 겨울철 집안에 들여서 습도를 비슷하게 높일 수 있다. 식물이 살려면 물이 필요하다는 사실을 모두 알기 때문에, 사람들은 실내에 들여놓은 화분에 며칠 간격으로 물을 공급해 준다. 또한 식물의 잎은 산소와 함께 수분을 내놓는다.

겨울철에 건강을 지키려면 적당한 수분이 공급되어야 한다. 예를 들자면 호흡기 점막이 건조해지지 않도록 물을 충분히 마시는 것이 좋다. 어른은 물을 하루 2리터 이상 마셔야 하는데, 보통 컵으로 따지면 여덟 잔 정도이다. 물을 마시면서 과일과 채소를 충분히 함께 먹는 것도 좋고, 잠을 충분히 자고 피로하지 않도록 하는 것이 겨울철 건강을 유지하는 데 도움이 된다.

겨울 철새를 예의 주시하는 까닭

해마다 겨울이면 잊지 않고 우리나라를 찾아오는 손님이 있다. 바로 철새이다. 백조며 기러기며 두루미와 고니에 청둥오리, 떼를 지어 날아오르는 가창오리까지 여러 종류의 철새들이 겨울을 남쪽에서 지내고자 우리나라를 거쳐 간다. 그러다가 날씨가 포근하고 먹이가 남아 있는 곳이면 남쪽으로 더 내려가지 않고 우리나라에 오랫동안 머무르기도 한다. 우리나라의 산과 들, 그리고 바닷가는 철새가 머무르기에 알맞은 장소이기에, 겨우내 철새가 남쪽으로 내려가는 도중에 쉬어 가는 중간 지점이나 아예 월동지가 된다. 이 철새들은 해가 갈수록 숫자가 줄어들고 있어, 멸종 위기종으로 보호하거나 천연 기념물로 지정해 보호하고 있다.

철새는 우선 건강해야 먼 길을 이동해 목적지까지 날아갈 수 있다. 철새의 이동 경로를 추적하더라도 철새들의 분변과 배설물에서 병원균을 쉽게 찾을 수 없는 것은 이와 같은 이유에서이다. 철새가 병원균에 감염되었다면 무리와 함께 이동할 수 없으며 그전에 이미 죽어 버렸을 것이다. 만약 이동 도중에 감염되었다면 이동 경로에서 사체가 발견되었을 것이다. 해마다 우리나라를 찾아오는 철새의 이동 경로에서 혹시라도 사체가 있는지 확인해 보고, 철새 도래지에 흩어져 있는 철새들의 분변과 배설물에 병원균의 흔적이 남아 있는지 주의 깊게 살펴보아야 하는 이유도 바로 여기에 있다.

겨울이 다가오면 혹시나 조류 인플루엔자(Avian Influenza, AI)가 발생하지 않을까 당국에서는 예의 주시하고 있다. 몇 해 전 겨울에는 철새가 머무른 해안으로부터 가까운 가금류 사육장에서 처음 조류 인플루엔자 의심 사례가 보고된 후 곧바로 내륙에서도 의심 사례가 나타나면서 결국 조류 인플루엔자를 확인하는 데까지 이어졌다.

추위야 물렀거라

조류 인플루엔자의 매개체로 철새를 의심하는 것은 우선 사육장에서 발생한 의심 사례에서 조류 인플루엔자가 확진 판정되었고, 철새가 머물다 간 자리에서 발견된 철새 사체에서 조류 인플루엔자 바이러스가 검출되었으며, 더 나아가 다른 곳으로 떠나간 철새가 남긴 분변에서도 같은 바이러스가 검출되었기 때문이다.

조류 인플루엔자의 발생을 확인하려면 몇 단계를 거쳐야 한다. 사육장의 가금류가 갑자기 죽거나 힘없이 졸거나 비실거리는 등 조류 인플루엔자로 의심되는 증상을 보이면 바로 방역 당국에 알려 확인 과정을 거쳐야 한다. 사육장에서는 의심 사례가 비교적 빨리 신고되지만, 자연 상태에서 죽은 철새는 감염 여부를 제대로 파악하기 쉽지 않다. 의심 사례를 확실하게 판정하려면 과학적인 실험을 거쳐야 하기 때문에 적어도 며칠이 걸린다. 만약 조류 인플루엔자가 확인되면 곧바로 바이러스의 확산을 막는 조치가 이루어진다. 우선 발생지로부터의 가금류 이동을 막는 것은 물론 사람들의 출입도 제한하며, 더 나아가 발생지에서 3킬로미터 이내에서 사육되는 닭과 오리에 대해 '예방적 도살 처분'을 한다. 이 조치는 병이 종식될 때까지 계속되므로 이로 인해 사람들이 겪는 고통은 결코 가볍지 않다.

2016년 겨울에 접어들면서 여기저기에서 조류 인플루엔자 이야기가 그치지 않고 나왔다. 조류 인플루엔자가 이곳저곳에서 발생하면서 발생 지역의 닭과 오리가 살처분되자, 달걀 생산량이 수요를 따르지 못해 시장에서는 달걀 가격이 오르고 덩달아 빵 공장에서도 생산을 줄여야 했다. 정부에서는 달걀 수요가 늘어나는 설 연휴 이전에 외국에서 날달걀을 관세 없이 수입하겠다는 대책을 내놓았다. 이처럼 사회적으로 커다란 문제를 일으키는 조류 인플루엔자에 대해서는 이미 몇 년 전에 사람들이 학습한 경험이 있으므로, 웬만한 사람들이라면 조류 인플루엔자가 무엇인지 어느 정도는 알고 있다.

조류 인플루엔자는 조류가 인플루엔자 바이러스에 감염되어 발병하는 바이러스 병이다. 인플루엔자는 우리말로는 독감이라 하므로 조류 인플루엔자는 조류 독감으로도 불린다. 그러나 조류 인플루엔자는 일반적인 독감과는 다르다. 독감은 사람만이 아니라 다른 포유류와 조류 또한 걸리는데, 따라서 인플루엔자 바이러스에 감염된 숙주가 어떤 것인가에 따라 인체 독감(그냥 독감이라 한다.), 돼지 독감(일반적인 포유류 독감을 뜻한다.), 조류 독감으로 구분한다. 이제까지 알려진 독감의 특성을 보면 사람을 감염시키는 독감은 사람에게만, 포유류를 감염시키는 독감은 포유류에만 옮는 것처럼 조류 인플루엔자도 주로 조류에만 옮았다. 이를 일컬어 생물학에서는 종 특이성이라 한다. 그런 인플루엔자 바이러스가 어떤 이유에서인지 가끔 특이한 변이를 일으켜 다른 종류의 숙주를 감염시키는 경우가 생긴다. 이를테면 돼지 독감이 사람이나 조류를 감염시킬 수도 있다. 이러한 경우 그야말로 걷잡을 수 없는 혼란이 일어나는 것이다.

바이러스는 핵산 분자와 단백질 분자로 구성되어 있으며, 두 종류의 핵산 분자인 DNA(deoxyribonucleic acid) 또는 RNA(ribonucleic acid) 중 하나에 자신이 살아가는 데 필요한 유전 정보를 담고 있다. 인플루엔자 바이러스는 RNA 분자 7~8개가 모두 단백질 10여 개를 만들어 내고 이들이 합쳐져서 0.1마이크로미터 크기로 공 모양의 인플루엔자 바이러스 입자를 구성한다. 바이러스 입자 표면에는 숙주 세포 세포막에 붙어 융합하는 헤마글루티닌(hemagglutinin, HA, 우리말로는 적혈구 응집소라고 한다.) 단백질과 함께 또 하나의 단백질인 뉴라민산 분해 효소(neuraminidase, NA)가 있다. 이 바이러스 단백질들이 한데 어울려 숙주 세포를 찾아 결합하고, 또한 세포 안으로 침입하는 과정에서 중요한 역할을 한다.

바이러스가 증식하는 동안 숙주 세포 안에서는 여러 개의 핵산 분자와 단백질 분자가 만들어지고, 이들이 다시 하나로 합쳐져서 바이러스 입자를 구성한다. 그런데 인플루엔자 바이러스는 이 유전자 조합 과정에서 예상치 못한 변이가 자주 일어날 가능성이 클 수밖에 없다. 독감의 종류는 인플루엔자 바이러스 입자 표면에 있는 헤마글루티닌 단백질과 뉴라민산 분해 효소가 무엇인지에 따라 구분한다. HA에는 16종이 있고 NA에는 9종이 있으므로, 이론상 독감 바이러스는 16×9=144종이 있을 수 있다. 오래전에 우리에게 큰 위협이 되었던 조류 인플루엔자의 변종 바이러스는 H5N1형이었고 그전에도 H5N8형이 나타났는데, 2016년에 문제를 일으킨 변종 바이러스는 H5N6형으로 밝혀졌다. 더욱이 여러 종류의 조류 인플루엔자 바이러스 가운데 H5형과 H7형은 치사율이 높은 고병원성이어서 문제의 심각성이 더 크다. 바이러스들이 왜 변이를 일으키는지에 대한 답은 바이러스만이 알고 있겠지만, 아마도 바이러스가 살아남기 위한 전략일 것이다.

숙주에 침입한 바이러스가 증식하는 동안 숙주는 바이러스 항체를 만들어 바이러스와 싸움을 벌인다. 숙주가 만든 항체가 바이러스를 이기면 숙주는 살아남지만, 이기지 못하면 숙주는 죽음을 맞이한다. 죽은 숙주의 몸속에는 바이러스만이 아니라 항체도 남아 있기에, 이 항체를 확인해 바이러스의 존재를 거꾸로 추적할 수 있다. 이보다 더 확실한 검정 방법은 바이러스 유전자의 염기 서열을 확인하는 것인데, 이제까지 우리나라에서 확인된 조류 인플루엔자의 유전자 염기 서열과 비교해 본 결과 2016년의 H5N6형은 우리나라에서 처음 확인되었다. 이러한 결과로 미루어 보아 이 조류 인플루엔자 변종은 철새에서 비롯했다고 볼 수밖에 없었다. 더구나 이번에는 H5N6형과 동시에 H5N8형이 철새 분변에서 검출되었다. 즉 조류 인플루엔자의 두 가지 변종이 함께 나타난 것인데, 이는 조류 인플루엔자를 막는 우리의 과제를 더 어렵게 했다.

병을 스스로 이겨 내는 힘

앞에서 말했듯이 농가 사육장의 닭과 오리에서 조류 인플루엔

추위야 물렀거라

자 감염이 확진되면 살처분을 한다. 바이러스에 감염된 한 마리로 그 치지 않고 사육장 안의 모든 가금류, 아니 그것으로 끝나지 않고 주변 농가의 모든 가금류도 덩달아 벼락을 맞는다. 위험해서인지 닭과 오리 를 생매장하지 않고, 가스로 질식시킨 다음에 매장해서 그나마 다행 인지도 모른다. 물론 조류 인플루엔자가 더 전파되는 것을 막고, 더 큰 피해를 방지할 목적에서 지방 자치 단체가 내리는 행정 명령이므로 이 에 따를 수밖에 없다. 그러나 사람과 똑같은 생명체인데도 그 대처 방 법에는 너무나 큰 차이가 있으므로, 어떻게 하는 것이 좋을지 쉽사리 판단하기 어렵다.

만약 닭과 오리가 아니라 사람이 조류 인플루엔자에 감염된다 면 우리는 어떻게 대처할까? 아마도 모든 수단과 방법을 동원해 치료 법을 찾을 것이다. 우선 대형 병원에서는 감염자를 격리해 치료에 힘 쓰고, 더 큰 전파를 막기 위해 예방 주사까지 개발하려 노력할 것이 다. 이제까지 발견된 독감 치료제는 없다고 하지만, 독감 바이러스의 증식을 억제하는 데 효과적으로 알려진 일반 독감 치료제 타미플루 (Tamiflu)나 릴렌자(Relenza)도 복용하게 하고, 또 다른 대처법을 찾아 낼 것이다. 이제까지 개발한 약품으로는 부분적인 치료 효과를 볼 수 는 있지만, 가장 좋은 것은 예방 주사를 만드는 것이다. 그러나 새로운 조류 인플루엔자 예방 주사를 만드는 데는 최소한 6개월이 걸린다는 점이 문제이다. 게다가 그마저도 바로 사용할 수는 없고, 의약품으로 서 효과를 검증해야 하는 것은 물론 생산 허가까지 받아서 대량 생산 체계를 갖추어야 비로소 시중에 판매되어 대중적으로 사용할 수 있게 된다는 어려움이 있다.

조류 인플루엔자의 새로운 변종이 우리나라에서 발생한 것은 분명히 안타까운 일이지만, 혹시라도 사람들까지 이 변종에 감염될 수 있는지 항상 확인하고 또 확인해야 한다. 새롭게 발생한 조류 인플루엔자가 더 큰 피해를 주지 않게끔, 현장에서 일하는 담당자들의 건강을 살피는 것은 물론 소독과 예방을 조금도 소홀히 해서는 안 된다. 언제 어떤 위험이 나타날지 모르는 상황이기에 더욱 그러하다. 그런가 하면 어느 날 갑자기 한꺼번에 파묻혀야 하는 생명체들에게는 어떤 대우를 해 주어야 할까? 즉시 살처분하지 않을 방법은 전혀 없을까? 할 수만 있다면 조류 인플루엔자 예방 접종을 해 주는 것도 방법일 것이다. 그러나 가능하다면 먼저 사육장에서 닭과 오리를 튼튼하게 길러, 조류 인플루엔자가 발병하더라도 스스로 이겨 낼 힘을 키워 주는 것이 가장 좋다.

우리는 사육장 안의 가금류가 튼튼하게 자랄 수 있는 환경이 어떤 것인지 알기는 하지만, 이익을 남기고자 좁은 사육장에서 많은 개체를 사육하는 밀식 사육을 고집한다. 좁은 공간에서 많은 개체를 사육하다 보면 운동량이 부족해진 가금류는 당연히 약해지기 마련이고, 따라서 병에 걸리기도 쉬우므로 그만큼 항생제를 먹이는 위험한 사육을 반복한다. 그러나 이 방법이 근본적인 문제점과 위험성을 안고 있다는 것을 알면서도 사육장은 사육 방법을 쉽게 바꾸지 못한다.

추위야 물렀거라

가금류를 밀식 사육하지 않고 넓은 공간에서 자유롭게 놓아 기르는 사육법을 채택한 농장이 있는데, 이것이 '동물 복지 농장'이다. 닭과 오리를 비롯한 동물들을 건강하게 사육함으로써 병을 예방하는 동시에 좋은 식재료를 사람들에게 공급하자는 것이다. 그런데 문제는 조류 인플루엔자가 발생한 사육장을 중심으로 3킬로미터 안의 가금류를 모두 살처분하라는 행정 명령이다. 바이러스의 전파를 막고자 하는 행정 명령을 농장에서 따르지 않을 수는 없는 노릇이다.

닭과 오리 사육장에 어려운 점이 또 있다. 예를 들어 철새 도래지와 가까운 곳에 사육장이 많다는 것도 문제점이다. 사람들이 철새 도래지에 너무나 쉽게, 자주 다가갈 수 있어 조류 인플루엔자가 짧은 기간에 널리 전파될 수도 있다. 먹이가 부족한 겨울 철새들이 농가에 가까이 오는 경향도 있지만, 근본적으로는 우리나라의 철새 도래지와 가금류 사육장이 너무 가깝다. (이처럼 가까운 거리에서는 사람들에 의한 빈번한 접촉이 부지불식간에 이루어질 수 있다.) 철새 도래지의 환경 조건은 어쩔 수 없다고 하더라도, 무엇보다 닭과 오리를 기르는 사육장을 철새 도래지에서 멀리 떨어뜨리고 '동물 복지 농장'과 같은 사육 방법을 더 많이 늘려나가는 등 우리가 할 수 있는 노력을 확실히 해야 할 것이다.

4부

미생물에게서
우리를 보았다

대장균,
내 건강을 부탁해

건강이란 무엇인가?

주변을 깨끗하게 관리하고 유지하는 것은 혹시라도 병원 미생물이 우리 몸속으로 들어와 피해를 주어서 병에 걸리는 것을 막기 위해서이다. 잘 알다시피 병원 미생물은 몸속에서 증식해 우리 몸에 피해를 줌으로써 병을 일으킨다. 따라서 병에 걸리지 않으려면 병원균이 우리 몸에 들어오지 않도록 몸 바깥에서부터 막아야 한다. 하지만 일단 병원균이 침입했다고 해서 우리 몸이 속수무책 당하기만 하는 것은 아니다. 그때부터는 외부 병원균을 찾아내어 없애려는 우리 몸의 특별한 노력, 즉 면역 반응이 시작된다.

우리 몸속에 들어온 병원균을 없애는 일을 우리 몸 스스로 한다고 하더라도, 병원균이 우리 몸속에 들어오기 전부터 주변을 깨끗이 함으로써 병원균이 자리를 잡지 못하도록 아예 막고 없애는 편이 오히려 손쉬운 방법일 것이다. 그렇지만 우리 몸 바깥 세계는 워낙 넓고 크기 때문에 눈에 보이지도 않는 병원균을 찾아 제거하기란 결코 쉽지 않다. 그렇다고 해서 병원균을 제거할 방법이 전혀 없는 것도 아니다. 여러 병원균이 살 수 있는 조건을 찾아내어 그것을 없애 버린다면, 병원균이 더는 살지 못하거나 아니면 버티지 못해 다른 곳으로 떠날 수밖에 없다.

2016년 11월, 국민 건강 보험 공단에서 「2015년 건강 검진 통계 연보」를 발표했다. 이 자료에 따르면 2015년 한 해 동안 일반 건강 검진 1차 검진을 받은 사람 가운데 의심되는 질환이 있는 사람의 비율이 38.5퍼센트, 실제 질환이 있는 사람이 18.7퍼센트, 합계 57.2퍼센트로 나타났다. 다시 말해 국민 10명 가운데 6명이 병에 걸렸거나 병이 의심된다는 것이다. 반면 건강이 양호한 사람의 비율은 7.9퍼센트, 건강에 이상이 없으나 자기 관리가 필요한 사람의 비율은 34.9퍼센트로, 정상 범주에 속하는 사람의 비율이 42.8퍼센트라고 한다. 이 수치는 2011년 정상 판정 비율 49.4퍼센트에 비해 낮아진 것이다. 물론 이것은 5년 사이에 증가한 노인 인구가 검진에 참여해 나타난 결과로 해석할 수 있다. 우리 사회가 고령화되면서 나타나는 사회 문제인 것이다.

건강은 우리 몸이나 정신이 아무 탈 없이 튼튼한 상태로 정의된다. 우리 몸은 항상 정상 상태를 유지하고자 모든 노력을 기울인다. 우리가 모르는 사이에도 우리 몸속에서는 여러 기관이 알아서 필요한 일을 해 나간다. 우리가 잠자리에 들더라도 잠시도 멈추지 않고 숨을 쉬며, 음식을 먹고 나서 바로 일을 하더라도 우리 몸이 알아서 소화시키는 것과 같은 일들이다. 이렇게 우리 몸은 필요하다면 우리가 의식하지 않아도 알아서 처리하는데, 이는 한마디로 '몸의 지혜'라 할 만하다. 몸의 지혜 가운데 가장 두드러진 특징이라면 각각의 분리된 기관이 나름대로 맡은 일을 하면서도 모든 부분이 독립적이지 않고 하나로 통합되어 조화를 이룬다는 점이다. 반대로 우리 몸에 탈이 생겼다면 몸의 어느 한 곳 이상이 정상과 다른 증상을 보인다. 우리 몸의 생리 작용에 변화가 일어났기 때문이다. 생리적인 변화는 그냥 일어나는 것이 아니라 특정한 원인이 있어서 나타나기 마련이다. 이때 원인은 외부에서 비롯하는 경우가 많으며 그중 하나가 병원 미생물이다.

우리 주변에는 엄청나게 많은 종류의 미생물이 있다. 이들 가운데에는 우리 몸의 각 기관에서 병을 일으키는 병원 미생물도 있다. 예를 들자면 호흡 기관에 병을 일으키는 종류는 호흡기 병원균이라 일컬으며, 이들은 주로 공기를 통해서 전파된다. 소화 기관에 병을 일으키는 종류는 소화기 병원균이라 일컬으며, 이들은 물이나 음식물을 통해서 우리 몸에 침입한다. 특히 소화기 질병은 병원균이 만드는 독소로 인해 중독 증상이 많이 나타난다. 우리는 이를 일컬어 식중독이라고 한다. 대표적인 소화기 질병으로는 여름철에 많이 발생하는 장티푸스, 콜레라, 이질 등의 전염병이 있다. 이러한 소화기 질병을 막기 위해서는 식재료를 깨끗한 것으로 장만하고, 조리 과정에서 특별히

대장균, 내 건강을 부탁해

주의를 기울여야 하며, 더 나아가 음식을 조리하는 장소도 항상 깨끗하게 유지해야 한다. 이것이 '부엌의 위생'이다.

우리는 음식이 나쁜 미생물에 변질되었는지 아닌지 조사를 하루라도 게을리해서는 안 된다. 그런데 우리가 조심해야 할 것은 음식만이 아니다. 옷 또한 깨끗한지 잘 살펴보아야 한다. 어떤 일을 하느냐에 따라 일하기에 알맞은 옷을 골라 입기 마련이지만, 무엇보다도 일할 때 입는 옷이 깨끗한 상태를 얼마나 오랫동안 유지하느냐가 중요하다. 다시 말해서 얼마나 깨끗한 부엌에서 일하는지 잘 살펴보고, 깨끗한 옷을 입고 조리하는지, 아니면 앞치마라도 두르고 조리하는지 눈여겨 살펴보아야 한다. 부엌과 옷이 깨끗하지 않다면 부엌의 위생 상태가 좋지 않다는 뜻이며, 이는 다시 우리 몸에 해로운 미생물이 침입할 확률이 그만큼 높음을 뜻한다.

혹시라도 우리 주변에 유해한 미생물이 있는지 없는지 알아보려면 모든 미생물을 찾아 조사해 보아야 하지만, 보이지 않는 미생물을 상대로 일일이 조사하기란 어려운 일이다. 그래서 생각해 낸 방법이 대표적인 미생물을 골라 그 종류가 얼마나 있는지를 조사하고, 기준치보다도 많으면 그만큼 오염된 정도가 크다고 위험을 판단하는 것이다. 그처럼 오염된 정도를 대표할 만한 미생물로 대장균을 꼽을 수 있기에, 대장균을 다른 말로 지표 미생물(指標微生物)이라고 부른다.

대장균이 미생물 오염 정도를 알려 주는 지표 미생물인 이유는 아주 간단하다. 생명체는 변을 배출하면서 장내에 있던 대장균도 함께 내보낸다. 따라서 대장균이 얼마나 많이 있는지를 조사해 보면 변과 얼마나 가까이 있는지, 얼마나 자주 접촉했는지 가늠해 볼 수 있다. 실제로 대장균은 우리 주변에 널리 분포하므로 음료수나 수영장 물이 오염되었는지, 또 어떤 식품이 변질되었는지를 검사하는 지표로 쓰인다. 게다가 대장균은 우리 몸속에 항상 같이 사는 공생 미생물이기는 하지만 일부 균주는 사람에게는 물론 동물에게 식중독을 일으키기도 하는, 조심해야만 하는 미생물이다.

우리 몸, 대장 속에 사는 세균

대장균은 사람은 물론이고 동물의 장, 특히 대장(큰창자)에 많아 대장균이라는 이름이 붙었다. 대장균을 현미경으로 보면 양쪽 끝이 둥글게 마감된 작달막한 막대 모양의 간균(桿菌)임을 알 수 있는데, 길이는 2~4마이크로미터이며 너비는 0.4~0.7마이크로미터 정도이다. 대장균의 모양만 보고서는 이질균의 일종인 시겔라(Shigella)속의 적리균(赤痢菌)과 구별하기 쉽지 않다. 그렇지만 생물학적으로 대장균은 포도당과 젖당을 분해해 산(酸)과 가스를 생성하는 한편, 우유를 응고시켜 인돌을 만든다. 이에 비해 적리균은 포도당은 분해하지만 젖당은 분해하지 못하고, 가스를 생성하지 않는다. 이러한 차이점으로 이들을 구별한다. 또한 대장균은 세포벽에 붙어 있는 긴 꼬리 모양의 편모를 이용해 움직일 수 있으나, 적리균은 편모가 없어 비운동성을 띤다는 점에서도 차이가 있다.

대장균은 통성 혐기성 세균으로 그람 음성균에 속한다. 대장균은 분명히 한 종(種, species)이지만, 대장균이라 하더라도 서로 다른 성질을 띠는 여러 균주(菌株, strain)가 있다. 이 균주들을 구분하는 방법에는 여러 가지가 있지만, 그 가운데에서도 항원의 종류에 따라 혈청학적으로 나누는 방법이 일반적이다. 세균의 세포벽에는 종류에 따라 서로 다른 종류의 단백질과 지질 다당류가 한데 어우러져 있다. 이러한 세균이 우리 몸속으로 들어오면 항원으로 인식되어 우리 몸은 이에 맞서는 특이적인 항체를 만들어 낸다. 이러한 항원과 항체의 특이적인 반응을 살펴보면서 어떤 종류의 균주인지를 확인하는 것이다.

한 대장균이 어느 균주에 속하는지를 확인하는 방법에는 항원의 조합이 어떤지 살펴보는 것 외에도 파지에 어떤 반응을 보이는지, 항생제에 대한 저항성은 어떤지, 그리고 외막 단백질(outer membrane protein, OMP)의 구성은 어떤지 확인하는 등 여러 가지가 있다. 대장균은 혈청형에 따라서도 O 항원과 H 항원, K 항원까지 셋으로 나뉘며, 각 혈청형 또한 O-157, O-26, K-12처럼 뒤에 숫자를 붙이는 방식으로 더욱 세분화한다. 특별히 대장균 K-12 균주(*E. coli* K-12)는 분자 생물학과 생명 공학 분야에서 연구 재료로 널리 쓰이고 있다.

대장균은 장 속에 있더라도 일반적으로 병원성을 나타내지 않지만, 장이 아닌 부위에서는 방광염, 신우염, 복막염, 심지어는 패혈증까지 일으킬 수 있다. 병원성 대장균은 증상에 따라 장출혈성, 장독성, 장침습성, 장병징성, 장접촉성까지 다섯 종류로 나뉜다. O-157 균과 O-26 균 모두 장출혈성 대장균에 속한다. 이 균의 명칭인 O-157에서 항원의 종류를 나타내는 알파벳 O는 '편모가 없다.'라는 뜻의 독일어 'Ohne Hauch'의 첫 글자를 딴 것이다. 이 명칭은 편모의 유무, 그리고 세포벽을 이루는 단백질이 무엇인가에 따라 달라지는 혈청형의 종류를 구분한다. 한편 대장균의 편모도 서로 다르다는 점을 이용해, 편모 항원에 따라 구분한 것이 H 항원이다. O나 H에 뒤따르는 숫자는 실험실에서 붙인 것이며 특별한 의미는 없다.

대장균 O-157의 뒤에도 H7과 H-, HNT를 덧붙여 표기함으로써 서로 다른 세 종류의 혈청형으로 더욱 자세히 구분하기도 한다. H-라는 표시는 편모에 의한 이동성이 없다는 뜻이고, HNT는 혈청형이 결정되지 않았다는 뜻이다. 병원성 대장균 가운데에서도 O-157:H7의 독성이 가장 강하며 환자 발생률도 높다. 물론 병원성 대장균에는 O-26을 비롯해 O-25, O-55, O-111 같은 특별한 종류의 대장균이 있는데, 이들에 감염되면 주로 젖먹이들에게 설사 증상이 많이 나타난다. 때로는 이들이 성인에게도 설사를 일으키므로 관심을 갖고 살펴보아야 한다. 대장균에 의해 일어나는 설사를 대장균성 설사라 부른다.

K-88이라는 특별한 항원을 갖는 대장균이 새끼 돼지를 감염시키면 설사 증세를 나타낸다. 또한 K-99라는 항원을 갖는 대장균에 어

린 송아지가 감염되면 심한 설사와 탈수 현상까지도 겪는다. 이러한 병원성 대장균들은 어린 동물을 감염시켜 큰 피해를 준다. 대장뿐만 아니라 소장의 윗부분에도 달라붙어 증식하면서 장 독소(腸毒素)를 만들어 내기 때문이다. 장 독소는 조직 내 수분과 전해질을 장 밖으로 흘러나오게 하므로, 설사와 탈수 증세를 유발해 심한 경우 죽음에 이르게 한다. 물론 이를 치료하는 데에는 전해질이 함유된 수액 요법(水液療法)이 효과적인 대처 방법으로 쓰이며, 항생 물질을 복용시키거나 주사해 치료할 수 있다.

인간과 동물 모두를 괴롭히다

우리 주변에서 음식과 관계있는 환경(부엌과 주방 기구, 식탁과 의복까지 포함한 여러 조건 등)에서 일어나는 식중독은 그 증상이 어느 하나로 한정되지 않으며 크고 작게 여러 가지로 일어난다. 마찬가지로 식중독을 일으키는 병원균에도 한 종류만이 아니라 수많은 종류가 있다. 특정 대장균과 황색포도상구균, 리스테리아균, 노로 바이러스 등 여러 종류가 음식과 관계하면서 식중독을 일으키기도 한다.

리스테리아균은 돼지, 반추동물에 속하는 소, 양, 산양, 그 외에도 간혹 새들을 감염시킨다. 사람을 감염시키는 일은 매우 드물지만, 감염시킬 경우 유산도 일으킨다. 이 균은 감염된 동물의 기관과 혈액,

뇌척수액에서 분리할 수 있다. 리스테리아균은 사람과 다른 동물 모두에게 병을 일으킨다 해서 엄밀하게는 인수 공통 전염병이라 구분한다. 인수 공통 전염병의 대표적인 예로는 가축과 사람에게서 함께 발병하는 광견병, 브루셀라병을 꼽을 수 있다.

리스테리아균에 감염된 동물은 뇌에 염증이 생기는 뇌염형이 주요 증세이며 자기 꼬리를 물려는 듯 빙빙 돌거나 장애물을 향해 돌진하는 등의 비정상적인 행동을 보인다. 그러므로 이 병을 다른 말로 선회병(旋回病)이라고도 부른다. 감염된 동물은 다수가 죽음에 이르므로 예방 접종이 필요하지만, 병이 산발적으로 나타나기 때문에 예방 접종의 효과를 크게 기대하기가 쉽지 않다. 일반적으로 병든 가축은 격리시키고, 사체는 소각하거나 매장하며, 쥐를 비롯한 설치류의 구제도 병행하는 것이 좋다. 특히 리스테리아균은 냉동 상태에서도 살아남을 수 있으며, 냉장 온도에서도 비교적 잘 자라는 저온 세균의 특징을 띤다. 따라서 냉동 식품이나 냉장고에 보관된 음식이라 해서 안심해서는 안 된다.

병원성 대장균이나 리스테리아균에 오염된 식품을 먹더라도 몸이 건강하거나 몸속에 들어온 세균의 수가 적으면 일주일 정도 후에는 자연적으로 치유될 수 있다. 노약자들이 감염되었을 때에도 신장이 불순물을 걸러 주지 못해 요독이 생기는 합병증으로 신장이 상하는 경우는 10퍼센트를 넘지 않는다고 한다. 일본에서 1만여 명이 감염되었을 때에도 사망률은 약 0.1퍼센트에 불과했고, 미국에서 발생

대장균, 내 건강을 부탁해

한 햄버거용 쇠고기의 오염 사고에서도 사망자는 없었다고 했다. 이처럼 병원성 대장균이나 리스테리아균에 의한 식중독은 생명에 위험을 주는 정도는 아니므로 크게 염려할 필요는 없다고 하겠다. 그렇더라도 음식은 충분히 익혀 먹고 손을 잘 씻는 등의 기본적인 위생 관리를 잘하는 것이 좋다.

살균도
문화에 따라 다르다?

미생물을 죽이는 가장 완벽한 방법이란

미생물이 원하는 삶의 세 조건인 넉넉한 양분과 적당한 온도, 알맞은 pH 가운데에서 어느 하나라도 충분하지 않으면 미생물은 더는 살아남을 수 없다. 우리는 이를 알고 있기에 우리에게 해를 끼치는 미생물을 제거할 방법과 기술을 찾아내어 이용하고자 많은 노력을 기울였다.

미생물을 죽이는 것을 가리켜 살균(殺菌, sterilization)이라고 한다. 살균하는 방법에는 간편한 열처리가 있고, 여러 약품도 있다. 모든 미생물을 깡그리 없앤다는 의미인 멸균(滅菌, sterilization)이라는 단어 또한 (영어 표기가 같다는 점에서도 알 수 있듯이) 살균과 비슷한 뜻으로 쓰이고, 소독(消毒, disinfection)도 조그마한 차이가 있기는 하지만 대체로 같은 뜻으로 쓰인다. 굳이 차이를 따진다면 살균이나 멸균은 병원균이든 비병원균이든 가리지 않고 모두 없애는 것을, 소독은 전염병의 전염을 막고자 우리에게 해를 주는 병원균을 제거하는 것을 가리킨다는 점을 들 수 있다. 비록 미생물을 제거하는 방법과 기술은 다르더라도 어차피 근본적인 목적은 같으므로, 살균과 멸균이라는 말은 물론이고 소독이라는 말까지도 굳이 차이를 따지지 않고 같은 뜻으로 쓰는 일이 많다.

소독 방법으로는 불에 태우는 소각과 햇볕에 쪼이는 일광 소독, 뜨거운 수증기에 찌는 증기 소독, 끓는 물에 담가 함께 끓이는 자비(煮沸) 소독이 있으며, 그 외에도 여러 약품을 쓰는 약물 소독 등을 꼽을 수 있다. 이들은 크게 미생물의 생존에 치명적으로 작용하는 물리적인 방법이나 화학적인 방법으로 나눌 수 있는데, 미생물 전체를 제거하거나 특정 미생물만을 선택적으로 제거할 수 있다. 그러나 어떤 경우에서든지 미생물이 철저히 제거되면 외부와 다시 통하지 않을 때까지는 무균 상태가 그대로 유지된다. 물론 대상이 되는 미생물이라 하더라도 종류에 따라 살균 작용에 조금씩 다르게 반응하고, 어떤 것은 때로는 특정한 요인에 높은 저항성을 나타내므로 살균과 멸균, 소독의 방법과 기술을 쓸 때에는 상황에 가장 알맞은 방법을 찾을 필요가 있다.

미생물을 없애기 위한 물리적인 방법으로 가장 널리 쓰이는 것은 열처리이다. 실험실에서 많이 쓰이는 유리나 금속 제품은 섭씨 170도 이상에서 2시간 정도 열처리 하면 미생물을 제거할 수 있다. 열에 비교적 약한 플라스틱 제품 등은 물에 담가서 끓이거나 증기를 쏘이는 방법을 쓴다. 그런데 미생물 가운데에는 생존하기 어려운 환경에 맞닥뜨리면 두꺼운 껍질을 뒤집어쓰고 열에 견디는 것들이 있다. 이처럼 미생물이 만드는, 열에 견디는 두꺼운 껍질을 내생 포자(endospore)라고 부른다. 끓는 물속에서는 미생물이 대부분 죽어 버리지만, 껍질을 뒤집어쓴 미생물은 열을 이기고 살아남았다가 물이 식고 나면 다시 껍질을 벗어 버리고 증식할 수 있다. 그렇기 때문에 내생 포자를 만드는 미생물을 죽이려면 하루에 한 번 30분 동안 끓는 물에 담갔다가 식히는 과정을 사흘 동안 반복한다. 이를 일컬어 간헐 멸균법(intermittent sterilization)이라고 한다.

그런데 음식물이나 미생물 배양액에서 미생물을 제거하려고 사흘 동안이나 열처리를 반복하기에는 시간이 오래 걸려서, 가끔은 잊어버릴 정도이다. 그래서 생각해 낸 안전한 방법이 바로 고압 멸균기(autoclave)이다. 고압 멸균기는 쉽게 말하자면 가정에서 널리 사용하는 압력 밥솥에 밥을 하는 것과 같은 원리를 이용한다. 고압 멸균기의 포화된 수증기 압력에서 섭씨 121도로 15분 동안 열을 가해 주면 내생 포자를 만드는 미생물까지도 효과적으로 죽일 수 있다. 그런데 열처리를 하면 영양분이 파괴되는 식품이나 곡물이 있다. 이들을 살균할 때는 열처리보다 자외선이나 엑스선이 널리 쓰인다.

미생물을 제거하는 또 다른 흥미로운 방법이 앞에서도 본 저온 살균법이다. 일반적으로 저온이라 하면 아무리 높아도 섭씨 4~5도쯤 되는 냉장고 안의 온도를 의미하는 경우가 많다. 이처럼 낮은 온도에서는 미생물이 잘 제거되지 않는다. 따라서 저온 살균법이라고 해서 냉장 온도나 냉동 온도에 맞추지는 않고, 그보다는 훨씬 높지만 물이 끓는 온도보다는 다소 낮은 섭씨 65~71도에 맞춘다. 여기에서 15분쯤 열처리를 하는 방법이 바로 저온 살균법이다.

물이 끓는 온도인 섭씨 100도에서는 단백질 성분이 변하므로 모든 생물이 꼼짝없이 죽는다. 이때는 음식물의 단백질 성분도 함께 변하므로, 식품의 영양분이 변질되거나 파괴되어서 식품으로서의 가치가 떨어질 수 있다. 우리는 우리에게 해를 주는 병원 미생물을 중점적으로 제거하기 위해 음식물을 살균한다. 그러므로 음식물을 굳이 끓여 가면서까지 음식의 모양과 영양 성분을 바꾸기보다는, 섭씨 100도보다 조금 낮은 온도에서 해로운 병원 미생물만 충분히 제거할 수 있는 저온 살균법을 이용한다. 병원 미생물은 대부분 우리의 체온에서 잘 번식하는 중온 미생물에 속한다. 그러므로 저온 살균법으로도 충분히 병원 미생물을 살균하는 효과를 얻을 수 있다.

저온 살균법을 뜻하는 영어 단어 'pasteurization'은 저온 살균법을 고안해 내며 미생물학의 아버지라 일컬어지는 루이 파스퇴르의 이름에서 따온 것이다. 이 영어 단어를 그대로 한국어로 풀이하자면 '파스퇴르 방법'이라고 해야겠지만, 섭씨 100도보다 조금 낮은 온도에서 살균한다는 사실을 강조하는 뜻에서 저온 살균법이라는 말을 더 많이 쓴다. 파스퇴르가 맨 처음 저온 살균법을 찾아낸 것은 포도주의 변질을 막기 위해서였지만, 요즈음에는 포도주는 물론이고 맥주와 우유를 비롯한 여러 식품의 효과적인 살균법으로 두루 쓰이고 있다.

음식의 보관에서 살펴보는 우리와 서양의 차이

서양에서도 우리나라와 마찬가지로 매일 먹어야 하는 음식을 미생물로부터 보호하고자 여러 방법을 쓴다. 서양에서 개발한 통조림 보관 방법은 식품을 깡통에 넣고 열을 가해 살균한 다음에 오염되지 않도록 뚜껑을 덮어 밀봉한다. 처음에는 유리병에 음식을 넣고 열을 가해 미생물을 제거했지만, 이후 1810년 피터 듀랜드(Peter Durand)가 양철로 된 통조림을 만들면서 더욱 효과적인 보관 방법을 찾아냈다. 통조림을 만들면 미생물을 철저히 죽이는 것은 물론이고, 무균 상태를 오래도록 효과적으로 유지할 수 있다.

여기에서 우리와 서양의 음식물 보관 방법에는 어떤 차이가 있는지 비교해 보고자 한다. 서양과 우리의 문화가 다른 만큼 음식물을 보관하는 방법 또한 상당한 차이가 있음을 쉽게 느낄 수 있다. 한 가지 예를 들어 보겠다. 1964년에 스코틀랜드 애버딘에서 살모넬라균에 의한 장티푸스가 발생해 많은 사람이 피해를 겪은 사건이 있었다. 나중에 원인을 찾아본 결과 아르헨티나의 공장에서 생산한 쇠고기 통조림에 문제가 있었다는 것을 알게 되었다. 통조림 제조 과정에서 쇠고기를 담아 열처리를 끝낸 깡통들이 밀봉되지 않은 채 냉각 수조에 들어갔고, 깡통 안의 온도가 내려가면서 줄어든 부피만큼 살모넬라균에 오염된 냉각수가 통조림 안으로 빨려 들어간 것이다. 음식물이 병원균에 오염되는 일은 어쩌다 일어난다 하더라도, 이 같은 사례는 통조림을 만들어 음식물을 보관하는 보관 방법 문화에서 비롯했다고도 할 수 있다.

우리는 쇠고기를 오랫동안 보관하기 위해 우선 말리는 전통적인 방법을 생각할 수 있다. 쇠고기를 햇볕에 말리는 방법이 가장 간단하면서도 비교적 확실하기에, 오래전부터 만들어 온 육포는 지금까지도 널리 먹고 있다. 몽골 제국을 건설한 칭기즈 칸이 유럽을 정복할 때에도 간편한 식량으로 말린 고기를 휴대했다고 한다. 더욱이 말린 오징어나 대추, 곶감 같은 우리나라 음식은 대표적인 말린 음식으로 꼽을 수 있다. 음식을 오래 보관하는 방법은 서로 다른 문화의 차이를 보여 준다.

요즈음 우리가 즐겨 먹는 것에는 전통적인 우리 음식만이 아니라 서양에서 들어온 음식도 꽤나 많은 편이다. 그 가운데 대표적인 음식이 아마도 빵과 케이크일 텐데, 이에 버금가는 우리 음식이라면 떡과 함께 전 또는 부침개 정도를 꼽을 것이다. 케이크를 맛있게 먹으려면 대체로 차가운 상태여야 한다. 빵도 먹기 전에 살짝 데워서 먹지, 뜨끈뜨끈하게 먹지는 않는다. 그런데 밥과 떡, 전이나 부침개는 어떻게 먹어야 가장 좋을까? 누구에게 물어 보더라도 답은 뻔하다. 따뜻한 상태, 그보다도 뜨끈뜨끈한 상태로 먹는 편이 좋다는 것이다.

만들어진 지 시간이 지나 식은 떡이나 밥은 다시 따뜻하게 데워서 먹어야 제맛이다. 전이나 부침개도 부쳐서 따뜻할 때 바로 먹는 편이 좋지만, 시간이 흘러 차가워진 것은 다시 데워서 먹는 경우가 대부분이다. 그러다 보니 떡이나 밥은 되도록 오랫동안 식지 않도록 따뜻하게 보관하면서 먹는다. 예를 들어 전기 밥솥에서 갓 지은 밥은 보온 상태로 따뜻하게 놓아두고 먹을 때 조금씩 덜어 먹는다. 또한 떡은 먹을 때마다 다시 쪄먹는 것이 불편하다고 온장고라는 기구에 넣어 보관하면서 따뜻하게 먹기도 한다. 이처럼 온장고 안에 넣어두고 먹고 싶을 때 꺼내 먹는 떡을 상품으로 판매하는 것이 가능할까? 우리나라에서야 얼마든지 가능하겠지만, 미국에서는 과연 가능할까?

미국에서는 온장 보관 개념을 잘 이해하지 못한다. 온장이라면 당연히 미생물이 번식할 수 있는 온도 조건이어서 음식이 변질되리라고 생각하기 때문이다. 그래서 미국에서는 한국에서 건너간 이민자들이 떡을 만들어 온장고에 넣고 판매하는 것을 한동안 허용하지 않았다. 최근에 이르러 하나의 독특한 문화 상품이라는 것을 이해하고 나서야 비로소 이를 허용했다고 한다. 이처럼 우리 음식은 분명 하나의 문화 상품이다. 요즈음 우리나라에서 판매하는 도시락 안에 보온 용기에 담은 국까지 함께 들어 있는 것만 보아도 더욱 그렇다는 것을 느낄 수 있다. 따끈따끈하게 데워 먹는 음식에는 저온 살균법에 따른 미생물 제거 효과가 있다고도 볼 수 있겠다.

떡집에서는 갓 쪄 낸 뜨거운 떡을 식기 전에 얼른 다른 그릇으로 옮겨 담는다. 오랜 경험에서 우러나오는 손놀림으로 옮기기 때문에 언뜻 쉬워 보인다고 할지 모르지만, 뜨끈뜨끈한 떡을 잽싸게 다루는 솜씨에는 놀라움 이상으로 깊은 뜻이 들어 있다. 떡을 뜨거운 증기로 찌는 과정은 분명히 열처리인데, 그렇다고 끓는 물처럼 그렇게 뜨겁지는 않을 것이다. 떡을 잽싸게 다루는 손놀림에는 주저함이 없어 보이지만, 누구라도 끓는 물에 자기 손을 집어넣으려는 사람은 단 한 명도 없기 때문이다. 다시 말해서 떡을 쪄 낸 증기가 섭씨 100도보다는 분명 낮기 때문에 잽싼 손놀림이 가능하다.

그렇다면 갓 쪄 낸 뜨거운 떡의 온도는 얼마나 될까? 사람이 잽싸게 만지더라도 데이지 않으면서 뜨겁다고 느낄 정도이니, 높게는 섭씨 70~80도이고 낮게는 섭씨 50~60도는 될 것이다. 이 정도의 온도라면 중온 미생물이 제대로 살기 어려우니, 병원 미생물이 대부분 살균되는 효과를 분명 기대할 만하다. 우유를 살균하는 저온과도 큰 차이는 없을 것이다. 그렇다면 떡은 끓는 물에 삶지 않고 뜨거운 증기에 쪄 냈다 하더라도 저온 살균 효과를 충분히 활용한 음식이라 해도 무리가 없다. 처음부터 알고 한 일은 분명 아니건만, 오래전부터 우리 생활에서 쓰여 온 음식 조리법에는 이처럼 삶의 지혜가 담겨 있다.

우리 주위에는 자연 친화적인 생활이 있다

미생물을 제거하기 위해 찾은 여러 방법들에는 우리와 서양 사이에 차이가 큰데, 이는 사람들의 삶의 방식이 달라서 나타난 결과라고 볼 수 있다. 좋고 나쁜 것을 제대로 구별한 후에 나쁜 것은 철저히 없애 버리는 방법이 확실하기는 하지만, 생물의 세계에서는 모든 일을 간단히 구분하기가 그리 쉽지 않다. 통조림을 이용한 서양의 음식물 보관 방법도 따지고 보면 미생물을 철저히 제거하는 살균법이다. 그런데 우리는 열처리로 살균하기보다는 그저 손쉽게 햇볕에 널어 말리는 건조 방법을 많이 이용해 음식물을 보관한다. 여러 종류의 채소와 고기, 물고기까지 햇볕에 말리는 보관 방법은 음식물의 물기를 줄이는데, 음식물의 형태를 다소 바꾸기는 하더라도 부피와 무게를 많이 줄이는 데에는 아주 효과적이다. 미생물의 번식을 억제하는 효과 또한 있다.

미생물을 철저히 죽이는 살균에 비해서, 건조 방법에는 미생물이 다른 곳으로 옮겨 가도록 유도하려는 의도가 있다. 즉 살균 방법이 미생물을 제거하는 직접적이고 적극적이며 철저한 방법이라면, 건조 방법은 상대적으로 간접적이고 은유적이며 부드러운 방법이라 할 수 있다. 마치 '여기는 네가 살기에 좋은 곳이 아니니 다른 곳으로 옮겨 살라.'라고 청하는 것처럼 보인다. 물론 살균과 음식 보관에 대한 우리와 서양의 생각 차이를 살균법이나 음식 보관법 한두 가지로 확실히 구분하기는 무리가 있을 것이다. 그렇더라도 음식 문화를 중심으로 하는 생활 방식에서 우리나라와는 다른 서양의 관점, 더 나아가 서양과 우리의 문화의 차이를 보여 줄 비교 자료가 될 만하다.

이 세상은 모든 생명에게 공평하게 살 기회를 보장한다. 비록 좁은 공간이라도 살균 방법을 써서 미생물을 제거하고 더는 침입하지 못하게 하며 미생물의 증식을 막는 것도 어느 정도는 가능하다. 여기에서 더 나아가 무균 상태를 오래 유지하고자 한다면 항상 끊임없는 노력과 정성을 들여야 하는데, 그것이 오히려 우리에게는 피곤하리라는 생각이 언뜻 든다. 건조 방법은 미생물에게 주위 환경을 보고 느낀 다음에 결정하라는 듯 선택권을 준다. 이것이 차라리 간단하면서도 효과적이겠다는 생각도 든다. 이처럼 우리 주위에는 자연과 환경에 한 걸음 더 가까운 자연 친화적인 생활이 있다.

우리 밥상에 이르는
항균의 길

재래 시장이 비위생적이라고?

세계화된 세계에서 움직이는 것은 사람만이 아니다. 물리적 실체가 없는 자본과 기술, 정보까지 소리 없이 움직이고 있다. 이처럼 모든 것이 움직이는 세계이지만, 여러 나라들이 지닌 고유한 문화는 그곳에서 직접 경험해 보지 않고서는 제대로 이해하기 어렵다. 그래서인지 사람들은 역사와 전통을 오래도록 유지하고 있는 지역으로 문화 체험의 발걸음을 내딛는다. 한동안 한반도 아래쪽에 고립된 것 같던 우리나라에도 최근 해마다 많은 외국인이 찾아와 우리 문화를 둘러보고 있다.

외국인들은 우리나라에서 우리의 전통 문화를 체험하기 위해 어떤 곳을 둘러볼까? 유명 관광지는 물론이고, 이름난 문화 유적지를 비롯해 역사를 살펴볼 수 있는 장소들일 것이다. 그런데 외국인 가운데에는 여전히 우리 곁에 남아 있는 옛 문화와 그 흔적을 둘러볼 수 있는 곳으로 재래 시장이나 오일장 등지를 안내해 달라고 부탁하는 사람도 있다. 인구 밀도가 높은 우리나라 안에서도 인파로 가장 북적거리는 틈새에서 생생한 삶의 모습을 느껴 보고, 물건을 사고파는 현장에서 우러나오는 삶의 향기를 맡아 보려는 뜻일 것이다.

우리 음식에도 외국인들이 관심을 갖고 지켜보는 부분이 있다. 재래 시장에서 사고파는 음식 가운데에는 포장이 잘 된 것도 있지만, 채소나 과일 같은 품목은 포장되지 않은 경우가 대부분이다. 생선과 고기도 잘 포장하지 않은 채 사고파는 경우가 많다. 물론 생선은 얼음 위에 올려놓고, 고기는 냉장고 안에 넣어 두고 팔면서 나름대로 위생을 유지하려 한다. 곡식은 비닐이나 종이 부대에 잘 포장하거나 통 안에 수북이 쌓아 두고 손님이 원하는 만큼씩 덜어 팔기도 한다. 미역과 김, 새우, 멸치, 오징어, 명태, 굴비 등은 대부분 말린 상태로 파는데, 건어물도 곡식과 마찬가지로 있는 그대로 피라미드처럼 봉긋하게 쌓아 두고서 원하는 손님에게 조금씩 나누어 판다. 더구나 생닭의 경우 2011년부터는 한 마리씩 포장 판매하도록 하는 법이 시행되고 있다.

이처럼 건어물이 시장에 진열된 모습을 보고 우리 문화를 제대로 이해하지 못한 외국인들은 비위생적이라고 눈살을 찌푸리거나 심지어는 코를 막기까지 한다. 그렇지만 우리는 이러한 진열을 오래전부터 익숙하게 보아 왔다. 이 또한 따지고 보면 우리에게 전해진 우리 문화라고 할 수 있다. 더 중요한 사실은 이 건어물을 시장에서 사다가 조리해 먹어도 큰 탈이 나지 않았다는 점이다. 그런데도 이러한 건어물이 외국인의 눈에는 마치 대단히 비위생적인 것처럼 보이고, 더 나아가 그러한 재료로 만든 음식을 먹으면 병에 걸린다고 생각하는 모양이다. 그렇게 놀라는 외국인들의 모습이 우리의 눈에는 호들갑으로 보일 수도 있다.

우리는 이미 수천 년 전부터 여러 종류의 건어물을 만들었고, 이를 재료로 여러 음식을 만들어 먹었지만 별 탈 없이 살아 왔다. 그런데 요즈음에는 제대로 포장되지 않은 음식은 위생적이지 않을 것이라고 많이들 생각한다. 그래서인지 백화점이나 대형 마트의 식품 매장에서는 식품을 낱개로 포장해서 판매한다. 어쩌면 대형 매장에서 낱개로 포장해 팔기 시작한 이후에 개별 포장된 식품만이 위생적이라는 인식이 생긴 것은 아닐까? 어느 것이 먼저인지 확인하기는 어렵지만 요즈음 우리의 위생 관념도 어느덧 서양의 것으로 많이 바뀐 모양이다.

실제로 새우를 대상으로 각 포장 단계마다 미생물이 얼마나 많은지를 조사한 적이 있다. 포장도 전혀 없고 냉장 보관된 생새우와 낱개로 포장된 냉동 새우, 껍질까지 벗겨져서 포장된 냉동 새우에 얼마나 많은 미생물이 들어 있는지를 조사한 것이다. 그러자 사람들의 손을 더 많이 거칠수록 미생물이 늘어났다는 결과가 나타났다. 이 결과가 모든 식품에 똑같이 나타난다고 보기는 어렵겠지만, 적어도 이 결과만을 보면 포장 단계와 미생물의 숫자에는 어느 정도 상관 관계가 있다고 할 수 있다. 이를 잘 생각해 볼 필요가 있다. 대체로 상품의 가격은 포장 단계가 늘어나는 만큼 값도 오르기 마련이다. 그러므로 식품 판매자나 소비자는 무엇이 위생을 지키는 길인지를 잘 따져 보고, 또한 식품을 어떻게 포장하는 것이 가장 좋을지 생각해 보아야 한다.

위생과 항균의 최전선, 부엌

음식을 마련하는 곳은 주방(廚房)이다. 주방이라는 단어는 부엌의 다른 말이자 조선 시대 궁궐에서 음식을 만들던 소주방(燒廚房)을 줄인 말로, 전문 음식점뿐 아니라 가정의 조리 공간까지 함께 가리킨다. 식구들이 매일 먹는 음식을 조리하는 곳이니 집에서 없어서는 안되는 공간이다.

부엌은 과거에는 주부의 전유 공간으로 인식되었지만, 요즈음에는 전통적인 성 역할 규범이 약해지면서 식구라면 남성과 여성을 가리지 않고 누구나 드나들며 음식 준비와 식사, 설거지를 하는 공간이 되었다. 그렇지만 변하지 않은 것도 있다. 부엌이 언제나 청결을 유지해야 한다는 사실은 지금도 여전하다.

함께 식사를 한 사람들이 갑자기 아프면 제일 먼저 음식을, 그다음에는 부엌을 의심한다. 식재료가 문제일 수도 있지만, 병원 미생물은 어차피 조리 과정에서 열처리로 인해 사멸하기 때문에 여간해서는 식재료가 해를 주는 경우가 드물다. 오히려 음식을 조리한 후에 음식을 담는 데 쓰인 그릇이나 주방 용품, 혹은 음식에 닿은 요리사의 손이 오염되지 않았나 의심할 수밖에 없다.

예상치 못하게 식중독에 걸린다면 누구든 당황하지 않을 수 없다. 가장 위생적이어야 했을 주방 용품들이 그렇지 못했다는 데 놀라기도 한다. 그런데 과연 부엌은 진짜로 깨끗한 곳이라고 말할 수 있을까? 2005년 한국 소비자원에서 일반 가정의 부엌에 미생물이 얼마나 많은지를 조사한 결과는 놀라웠다. 조사 대상이었던 행주의 44.7퍼센트에서, 도마의 24.3퍼센트에서, 냉장고의 27.2퍼센트에서 황색포도상구균이 검출된 것이다. 더구나 황색포도상구균은 식중독을 일으킬 수 있다. 따라서 그릇이며 수저통, 그릇 건조대, 설거지통, 수세미와 행주, 칼과 도마에 이르기까지 모두 깨끗한 상태를 유지해야 한다. 무엇보다도 미생물이 살지 못하게 해야 한다.

우리는 오래전부터 설거지에 수세미를 써 왔다. 과거에는 볏짚을 실패처럼 둘둘 말아서 물에 적셔 썼지만, 쓰다 보면 보푸라기가 많이 생겨서 오래 쓸 수 없었다. 따라서 수세미가 그 자리를 대신했다. 수세미는 수세미오이(*Luffa aegyptiaca*)로 만들어진다. 박과 식물의 일종인 수세미오이는 열매가 오이처럼 생겼으나 그보다 훨씬 크고 굵어 길이가 30~60센티미터에 달한다. 익은 수세미오이 열매의 껍질을 벗기고 씨앗을 털어 낸 나머지 씨앗주머니를 설거지에 쓰기 좋은 크기로 잘라 낸 것이 바로 수세미이다. 수세미의 얼기설기한 모양은 마치 스펀지와

우리 밥상에 이르는 항균의 길

비슷하다. 그래서인지 요즈음에는 합성수지나 철 등으로 만든 설거지 도구를 아예 수세미라는 이름으로 부른다.

요즈음 시중에서 판매되는 주방 용품 가운데에는 항균 수세미라는 것이 있다. 여기서 '항균(抗菌)'은 균에 대항한다는 말로 결국은 균을 이긴다는 의미인데, 여기서 균은 넓게는 모든 미생물을 가리키기도 하지만 많은 경우에 세균을 가리킨다. 항균 작용(antibacterial activity)은 말 그대로 세균의 세포막을 파괴하거나 발육·증식을 억제하는 작용을 말한다. 이와 비슷한 말로 정균 작용(靜菌作用, bacteriostasis)이 있는데, 세균 발육 저지라고 달리 표현하기도 한다. 화학 물질이나 생물학적 물질을 써서 세균의 발육을 저지하는 것이며, 여기에는 세균을 직접 죽이는 살균 작용은 없다. 정균 작용은 항생 물질 등으로 미생물에게 필수적인 대사를 억제함으로써 결과적으로 이들을 죽게 만든다.

항균성 물질은 항생 물질이라고도 하며, 간단히 줄여서 항생제라고 부른다. 잘 알려진 대로 항생 물질은 미생물이 만드는 대사 산물로 다른 미생물, 즉 세균의 생육을 억제하거나 사멸시킨다. 미생물 가운데 곰팡이를 대상으로 하는 항생 물질은 항진균 물질로 구별하는 경우가 더 많다. 항생 물질이 중요한 것은 사람은 물론 동물과 식물 숙주에게는 해를 끼치지 않고도 세균 감염을 치료하는 화학 요법제로 쓸수 있기 때문이다. 또한 항생 물질은 묽게 희석해 써도 효과가 크다는 점에서 매우 유용하다.

항균 작용이나 정균 작용을 하는 물질을 소량 포함한 항균 수세미에 미생물의 생존을 억제하는 효과가 있다고 하더라도 그 효과가 얼마나 오랫동안 지속되는지 판단하기는 쉽지 않다. 그렇지만 수세미의 미생물이 음식으로 옮겨 갈 위험이 있다 보니, 부엌에서 써도 되는 편리한 항균 제품을 구입하는 것이 좋을지 고민하게 된다.

햇빛 살균, 오래된 삶의 지혜

행주는 그릇이나 밥상 따위를 닦거나 씻는 데 쓰는 헝겊을 말한다. 우리는 아주 오래전부터 행주를 써 왔기 때문에, 우리 옛말로 쓰인 『훈몽자회(訓蒙字會)』(1527년)에서도 '힝조'라는 단어로 행주를 찾아볼 수 있다. 한편 행주는 사투리로 정지걸레, 행걸레, 행지수건으로도 불린다. 정지는 부엌을 뜻하기 때문에 충분히 일리가 있다 해도 걸레는 선뜻 이해되지 않는다. 행주는 그릇이나 상을 닦는 것이니 항상 깨끗하게 유지되어야 하는 데 반해, 걸레는 방이나 마룻바닥을 닦고 훔치는 것이니 항상 먼지가 묻어 있다. 하지만 걸레를 때 묻은 상태로 두지 않고, 언제든 쓸 수 있도록 빨아서 깨끗한 상태로 준비해 두었다. 그래서 행주를 걸레로 불렀을지 모른다.

행주의 다른 말인 행지수건 또한 손이나 얼굴의 물기를 닦아 내는 데 쓰는 수건만큼 깨끗한 상태로 행주를 준비해 두었기에 가능한 표현일 수도 있다. 어쨌거나 지금은 아무리 깨끗이 빤다고 해서 걸레가 행주가 된다고 생각하지는 않는다. 한편 '행주는 위에서만 놀고 걸레는 바닥에서 논다.'라는 말도 종종 쓰인다. 혹시라도 아이들이 잘 모르고 행주로 바닥이라도 닦으면 어른들에게 호된 꾸지람을 들었던 것이다. 이처럼 행주와 걸레는 엄격히 구분해 사용하는 것이 우리 삶의 방식이었다. 그만큼 행주는 깨끗함의 대명사였다.

부엌의 청결을 항상 유지하는 데는 품이 든다. 부엌을 무균 상태로 만들어야 할 필요는 없다. 다만 우리에게 해로운 병원 미생물을 생활에서 철저히 차단해 건강을 스스로 지키는 것이 우리가 할 일이다. 예를 들어 일반 미생물은 물론이고 식중독균이 묻어 있을 법한 더러운 행주를 그대로 쓸 수는 없다. 그렇다면 우리가 할 수 있는 가장 간단한 방법은 끓는 물에 행주를 담가 삶는 것이다. 가장 마음이 놓이는 방법이지만 그렇다고 매번 행주를 삶을 수도 없는 노릇이다.

예로부터 집안 어른들은 행주는 물론이고 도마와 칼까지도 깨끗이 씻은 다음에 햇빛에 말려 다시 쓰고는 했다. 햇빛에 있는 자외선의 살균 효과를 자연스럽게 활용한 것이다. 그래서 하루에 한 번이라도 가능한 대로 햇볕에 쬐어 주어 주방 기구를 살균했던 것이다. 이처럼 우리는 오래전부터 무균 상태를 만들기보다는 간편하게 햇빛으로 살균하는 방법을 썼다. 미생물을 완전히 멸균시키기보다도, 미생물의 생장과 증식을 가장 간단히 억제하는 이 방법만으로도 우리의 건강을 충분히 지킬 수 있었기 때문이다. 오래전부터 햇빛을 이용한 살균법은 생활 속에서 몸소 얻어 낸 지혜이다.

우리의 음식 문화는 부엌을 중심으로 만들어지기는 했지만, 결코 부엌에 한정된 것은 아니다. 부엌은 온 가족 건강의 밑거름이 되므로, 식재료와 음식을 장만하는 손길 모두 깨끗하고 안전해야 한다. 부엌 안에 자리한 여러 종류의 크고 작은 그릇과 칼, 도마, 행주와 수세미까지 모든 도구의 청결은 기본이다. 더 나아가 부엌을 관장하는 이들의 건강도 무시할 수 없다. 이들에게는 자신뿐만 아니라 가족의 건강까지 책임져야 한다는 사명감이 깔려 있다. 그러니 가족 건강의 밑거름이 되는 부엌이 항상 깨끗해야 함은 두말할 나위가 없고, 그러려면 어떻게 해서든지 햇빛과 자주 접촉해야 한다.

요즈음은 집의 구조가 옛날과 많이 다르다. 국민의 절반 이상이 사는 아파트의 구조도 날마다 개선되고 있다. 그러나 부엌과 화장실은 여전히 햇빛이 들지 않는 구석에 위치한 경우가 많다. 이제는 가족의 건강을 생각해서라도 햇빛이 들어오는 곳에 부엌을 마련하거나, 작은 창문이라도 만들어 공기 흐름이 좋은 열린 공간으로 바꾸어야 한다. 그것이 힘들다면 여러 주방 용품을 더욱 자주 햇빛에 말리는 발품이라도 들여야 하겠다. 예로부터 우리가 누려 온 햇빛 살균이라는 자연의 혜택과 지혜를 앞으로도 잘 쓰기 위해서 말이다.

우리 밥상에 이르는 항균의 길

내 몸을 지키는
우리

싸워 이기거나, 싸우지 않고도 이기거나

해마다 추운 겨울이 다가오면 혹시라도 이번 겨울에 독감에 걸려 고생하지나 않을까 염려하는 마음이 앞선다. 보건 당국에서는 겨울철에 유행하는 독감에 대비해 날씨가 추워지기 전에 독감 예방 주사를 맞아 두라고 어르신과 어린아이들에게 권한다. 예전에는 독감 예방 주사를 맞아야 하는 필요성을 사람들이 잘 느끼지 못했지만, 이제는 독감 예방 주사를 맞는 것을 오히려 당연한 일로 여기게 되었다. 예방 주사를 맞는 것이 어려운 일도 아니다.

하지만 우리가 잘 알지 못하는 새로운 병에 대해서는 어쩔 수 없이 두렵기 마련이다. 2015년에도 중동 지역으로 출장을 다녀온 60대 남성이 발열 증세를 보여서 병원에 들렀다가 메르스(MERS)로 확진

된 후, 격리 병동으로 옮겨져 집중 치료를 받고 회복한 사례가 있었다. 메르스란 중동 호흡기 증후군을 뜻하는 'Middle East Respiratory Syndrome'의 머리글자를 따와서 만든 병 이름인데, 건조한 사막 지대에 사는 낙타가 옮길 수 있는 병이라고 알려져 있다. 우리나라는 중동 지역처럼 건조한 사막 기후도 아니다. 더욱이 낙타도 살지 않아서 메르스와는 전혀 관계가 없는 것처럼 보이는데 어째서 이런 일이 벌어진 것인가?

자연 과학이 발전하면서 우리는 병원균의 정체를 파악할 수 있었고, 질병의 예방 대책을 슬기롭게 발견해 왔다. 에드워드 제너(Edward Jenner)가 천연두 백신을 개발한 덕분에 우리는 천연두의 위협에서 벗어나게 되었고, 루이 파스퇴르와 로베르트 코흐를 비롯한 학자들이 병원 미생물에 대해 연구한 업적을 방패 삼아 여러 질병과의 싸움에서 줄곧 생존을 지켜 왔다. 세균이나 진균을 이겨 내는 다양한 종류의 약품, 그리고 바이러스 병에 대처할 수 있는 백신을 개발·이용하면서 사람들은 조금씩 질병의 고통에서 벗어났다. 이제는 질병의 원인이 많이 알려져 있기 때문에, 병을 이겨 낼 수 있다는 자신감이 있다.

병원 미생물은 살아 있는 미생물의 한 종류로 줄여서 병원균이라 부른다. 병원균 또한 하나의 살아 있는 생명체인데, 생명체에는 살기 좋은 곳을 찾아가 그곳에서 증식하면서 살아가려는 노력을 기울인다는 공통점이 있다. 우리 몸속에 들어온 병원균이 증식하는 것은 병원균이 살기에 우리 몸이 적당하기 때문이다. 미생물이 증식하기 위해서는 먹이와 온도, 알맞은 환경 조건이 갖추어져야 한다. 우리 몸에 들어온 병원 미생물이 증식하지 못하게 막으려면 이러한 조건을 바꾸어 주면 될 것이다. 그런데 이는 우리 몸의 조건을 바꾼다는 뜻으로 너무 위험한 일이다. 그래서 우리 몸에 들어온 병원균의 증식을 막으려면 아무래도 다른 방법을 생각해야만 한다.

병원 미생물을 없애는 방법으로는 두 가지를 생각할 수 있다. 우선 우리를 아프게 하는 병원균을 직접 죽이는 방법이다. 우리 몸 바깥에 있는 병원균은 이런저런 방법으로 뜨겁게 열처리를 하거나 약품을 뿌려서 죽일 수 있다. 그렇다고 하더라도 세상은 너무나 넓고, 미생물도 너무나 많기 때문에 미생물을 모조리 마음대로 죽일 수는 없다. 더욱이 우리 몸속에 들어온 병원 미생물을 열처리로 죽이다 보면 우리 몸도 함께 피해를 받게 된다. 그래서 몸속으로 들어온 병원균을 죽이려면 우리 몸에는 해를 주지 않는 아주 특별한 약을 이용해야만 한다. 우리 몸속에 들어온 병원균을 죽이는 대표적인 약이 바로 항생제이다. 항생제는 미생물 가운데에서도 세균을 죽일 수 있는 약품이다. 세균이 아닌 곰팡이 종류를 죽일 수 있는 약은 살진균제이다. (다만 살진균제까지 통틀어 살균제라고 부르는 것이 일반적이다.)

병원균과 싸우는 우리 몸의 능력을 높여 주는 간접적인 방법도 있다. 우리 몸은 외부에서 이상한 물질이나 병원균이 들어오면 싸워서 죽여 없애거나 밖으로 내몰아 스스로를 지키려는 능력을 갖추고 있다. 이러한 능력이 앞에서도 말한 면역이다. 우리가 아플 때 무엇이

든 먹고 힘을 잃지 않아야 한다는 것도 우리 몸의 면역력을 유지하기 위해서이다.

우리 몸을 지키는 면역 세포가 병원균과 싸움을 벌여서 이기는 것은 중요하다. 그러나 병원균과 직접 싸우지 않고도 이길 방법이 있다면 그것이 더욱 효과적일 것이다. 이를 우리는 특별히 '예방'이라고 한다. 효과적인 예방법을 고르려면 병원균의 성질을 많이 알아야만 한다. 병의 예방이 치료 못지않게 중요하고 효과적이라는 사실을 알게 된 사람들은 미생물 연구에 더욱 힘을 쏟았다. 시간이 흐르면서 미생물에 대한 지식이 점점 더 쌓였고, 그에 따라 우리는 여러 예방법을 생활에서 효과적으로 이용하게 되었다.

백신은 인류에게 주어진 선물

우리 몸에서 병을 일으키는 병원 미생물의 종류에는 주로 곰팡이와 세균, 바이러스가 있다. 이들 가운데 곰팡이와 세균은 각각 살(진)균제와 항생제로 직접 죽일 수 있지만, 바이러스를 직접 죽이는 약은 그리 많지 않다. 바이러스는 숙주 세포 속에서 살고 있다. 따라서 바이러스를 죽이는 약은 세포 내로 들어가 바이러스를 처리해야 한다. 그런데 이 과정에서 숙주 세포도 덩달아 피해를 받을 수밖에 없다. 그래서 바이러스를 죽이는 살(殺)바이러스 치료약을 개발하기는 쉽지 않다. '감기에는 약도 없다.'라는 말도, 감기야말로 우리에게 가장 대표적인 바이러스 병이기 때문이다.

이처럼 바이러스 병의 치료에 쓸 만한 마땅한 방법을 찾아내지 못하던 참에, 과학자들은 운 좋게도 바이러스 병에 대항하는 방법을 찾아냈다. 그것이 바로 백신(vaccine)이다. 우리 몸은 외부에서 들어온 병원균에 대항하고자 특별한 항체를 만들어 낸다. 이렇게 몸속에서 만들어 낸 항체를 이용해 싸움에서 승리하면, 한 번 경험한 병원균에 두 번 다시 피해를 받지 않으려고 항체를 기억해 둔다. 이것이 바로 우리 몸의 면역 반응이다. 이를 이해한 과학자들은 아주 약한 바이러스나, 병을 일으키지 못하는 바이러스를 먼저 우리 몸에 주사해 몸속에서 항체를 만들도록 유도했다. 맨 처음에는 천연두(우리는 이를 옛날부터 두창(痘瘡)이라고 불렀다.)를 예방하고자 소의 두창 바이러스(우두(牛痘), vaccinia virus)를 주사했는데, 우두 바이러스를 가리키는 영어 단어 'vaccinia virus'에서 백신이라는 말이 나왔다.

우두 바이러스 접종법은 그야말로 제너의 특별한 안목이 찾아내어 인류가 받은 선물이었지만, 곧바로 모든 바이러스에 대한 예방 주사를 손쉽게 만들 수 있지는 않았다. 우리 몸속에서 항체를 만들어 낼 항원은 우리에게 병을 일으키는 바이러스이기도 하므로, 사람의 몸에 그대로 접종할 수는 없었기 때문이다. 그래서 사람들이 생각해 낸 방법은 죽은 바이러스나, 바이러스의 단백질 성분만을 떼어 내어 항원으로 접종하는 것이었다. 그러나 이러한 예방 주사로는 확실한 효과를 기대하기에 조금 부족한 점이 있으므로, 연구자들은 지금까지도 예방 주사의 효력을 높이기 위해 많은 노력을 기울이고 있다.

바이러스와 쫓고 쫓기는 혈투

한편 바이러스의 입장에서 이 예방 주사는 자신을 편히 살지 못하게 괴롭히는 장애물이다. 그렇다고 바이러스가 당하고만 있는 것은 아니다. 예방 주사의 효력을 떨어뜨리기라도 하려는 양, 바이러스는 돌연변이를 일으켜 자신의 모습을 조금씩 바꾼다. 우리가 이전에 겪은 적 없는 새로운 바이러스 병이 자꾸 나타나는 이유이기도 하다.

중증 급성 호흡기 증후군이라는 긴 이름이 붙은 사스는 코로나 바이러스의 변종이며, 새로운 독감 종류로 알려진 조류 인플루엔자는 인플루엔자 바이러스의 또 다른 변종이다. 이 바이러스들은 이전에 알려진 것과 같은 종류이기는 하지만, 이전과는 조금씩 바뀌고 달라져 스스로 변화를 일으킨 것들이다. 그러므로 이전에 써 오던 방법으로는 이 새로운 종류에 대해 치료 효과를 기대할 수 없는 경우가 많다. 사람들이 2016년 새롭게 나타난 조류 인플루엔자를 두려워한 것도 이 새로운 변종 바이러스가 혹시라도 사람에게서 사람으로 전파되지 않을까 하는 우려 때문이었다.

그런가 하면 이전까지 없던 바이러스가 갑자기 나타나 우리를 두려움에 떨게도 한다. 아프리카 일대의 원숭이와 원주민의 토착병이었던 에이즈(AIDS, Acquired Immune Deficiency Syndrome, 후천성 면역 결핍증)가 1981년 6월 미국 로스앤젤레스에 거주하던 남성 다섯 명의 몸에서 발견된 것은 새로운 질병을 알리는 서곡이었다. 에이즈 바이러스가 정식으로 HTLV(Human T-Lymphotropic Virus)라는 이름을 얻은 것은 1984년이며, 이후 병의 원인이 되는 바이러스 연구가 진행되면서 HIV(Human Immunodeficiency Virus)라는 새로운 이름이 붙여졌다. 현재까지 전 세계적으로 3600만 명 이상이 감염되었다.

지구의 환경 변화와 약물의 오남용으로 인해 새롭게 나타난 전염병은 앞으로도 계속해서 늘어날 전망이다. 이제까지 큰 문제를 일으키지 않던 병원균이 어느 날 갑자기 독성이 강한 종류로 바뀌기도 하고, 이제까지 알려지지 않았던 새로운 병원균이 속속 알려지기도 한다. 살을 파먹는 세균이나 에볼라 바이러스, 그리고 2020년에 나타나 우리를 공포에 몰아넣은 코로나19 SARS-CoV-2가 대표적인 경우이다. 또한 새로운 독감 변종이 발생하고 페스트나 콜레라같이 이미 우리에게 알려진 질병들이 다시 활동하는 것도 모두 새로운 환경에서 새롭게 나타나고 있는 현상이다.

과학과 기술의 발전에 힘입어 새로운 항생 물질을 개발·이용함으로써 전염병이 더는 우리에게 위협적인 존재가 되지 않으리라고 많은 사람이 낙관했지만, 지금도 에이즈는 세계 곳곳에서 사람들의 목숨을 위협하고 있다. 또한 유행성 출혈열을 비롯한 새로운 질병들이 속속 나타나고 있는 형편이다. 인간의 편리함만을 위해 써 온 과학이라는 도구는 자연의 질서를 어지럽히고 생태계를 교란하다가 새로운 전염병까지 퍼뜨리는 결과를 낳았다. 자연의 재앙이라고까지 일컬어지는 새로운 질병은 어쩌면 자연을 파괴해 온 우리에게 되돌아온 일종의 부메랑이 아닐까?

한없이 도망갈 수만은 없으므로

우리나라도 새로운 질병에 결코 안전하지 않다. 이미 사람과 물자가 국제적으로 바삐 움직이는 경제적인 흐름에 우리나라도 따르고 있기 때문이다. 그렇다면 우리의 방역 체계가 이러한 시대적인 흐름에 대처할 수 있도록 제대로 갖추어졌는가를 꼼꼼히 따져 보아야 한다. 문제가 되는 질병이 발생했을 때 방역 당국은 주의보나 경보를 내리고, 이에 따라 사람들에게 백신을 접종하는 것은 물론이고 이동이나 방문을 자제시키는 등 적절한 방법으로 대처한다. 그러나 정체를 쉽게 드러내지 않는 전염병이 이미 사람들 속으로 파고 들어가 버리면, 신속하고 적절한 대처를 하기 어려워진다. 국민의 건강을 책임지는 보건복지부의 방역 체계가 새로운 질병의 발생에 대비해 얼마나 효과적으로 운영되는지, 또한 대처 능력을 갖추고 있는지 곰곰이 되새겨 보아야 한다. 부족한 점이 있다면 찾아내어 하루빨리 개선해야 한다.

우리나라는 2015년 메르스가 발생했을 때 철저히 대비하지 못해서 혹독한 경험을 치른 적이 있다. 이후에도 언제든지 이런 질병이 다시 발생할지 모르기 때문에 이전의 경험을 바탕으로 철저히 준비해 둘 필요가 있다. 물론 사람에게 발생하는 병만 신경 쓸 것이 아니라 가축에 발생하는 병에도 똑같이 관심을 갖고 대책을 마련하는 것이 필요하다. 미국의 경우, 질병 통제 예방 센터(Centers for Disease Control and Prevention, CDC)가 7,000여 명의 전문 인력을 갖추어서 전염병 감시망을 철저하게 운영하고 있으며 새로운 전염병을 발생 초기에 효과적으로 진압하는 능력을 키워 나간다고 한다. 우리도 하루빨리 우리의 경제 규모에 걸맞게 질병에 대한 인식 수준과 진압 능력을 높이고, 이에 합당한 방역 체계를 갖추어 나가야 하겠다.

바이러스는 우리에게 해를 끼친다. 그러나 바이러스가 무섭다고 한없이 도망갈 수만은 없다. 바이러스를 비롯한 병원균이 언제 또 어떤 모습으로 우리에게 해를 끼치려고 덤벼들지 모르는 일이다. 그러므로 우리가 먼저 할 일은 여러 병원균이 가진 특별한 성질을 제대로 이해하는 것이다.

우리는 그동안 많은 연구를 통해서 알아낸 지식으로 무서운 질병을 치료하고 예방해 왔다. 물론 그렇다고 모든 질병의 고통에서 벗어난 것은 아니다. 또다시 닥칠지 모르는 질병의 위험을 미연에 막고, 당장 눈앞으로 다가온 어려움에는 현명하게 대처하고 이를 이겨 내도록 많은 노력을 기울여야 한다.

한 잔 먹세그려,
또 한 잔 먹세그려

왜 술을 "먹는다."고 할까?

"양주는 노, 소주는 오케이, 오십세주까지는 그런 대로……."

서민을 대변하는 정치인으로 떠오른 고(故) 노무현 전 대통령이
술에 대해 밝힌 생각이다. 누구든 혼자서야 어떤 술을 마시든 관계할
바 아니지만 공직자로서, 그것도 어쩔 수 없이 마셔야 할 때는 크고 작
은 문제가 뒤따르기 마련이다. 이를 예방하자는 뜻에서 대통령이 공직
자들에게 일종의 가이드라인을 귀띔해 준 것이라 보아도 무리는 없을
듯하다.

술이란 즐겁게, 그리고 적당히 마시면 몸에 좋은 약이 될 수도 있
지만, 마시는 정도가 지나치면 해가 된다는 사실은 누구나 잘 알고 있
다. 그런데도 그 정도를 자제하기 어렵다. 누구나 힘들고 괴로울 때에

는 술을 찾는 것은 물론이고, 흥겹거나 즐거울 때에는 더더욱 많이 마시며, 그러다가 정도를 넘으면 범죄로까지 이어진다.

분위기를 따라 술을 마시다 보면 자제하기 어려워져서 나중에는 몸이 받아들이지 못할 때가 있다. 그때쯤 이르게 되면 우리 몸은 스스로를 지키기 위한 본능적인 행동을 개시한다. 어떻게든 해로운 물질을 바깥으로 빨리 배출하려는 생리 작용이 그것이다. 위로 올리거나 아래로 내리거나, 앞과 뒤를 가리지 않고 몸 밖으로 내보내려 애쓴다. 이러한 생리 작용은 사람이 식중독에 걸렸을 때 구토와 설사로 몸을 지키려는 현상과 똑같다.

술을 만드는 것부터 술을 마시는 때와 장소, 방법은 물론 술의 이용과 그 효과에 이르기까지, 술과 관계하는 모든 과정은 문화로 이어져 왔다. 술의 종류를 비롯한 문화는 지역과 민족에 따라, 지리적 환경과 생활 관습에 따라 헤아리기 어려울 정도로 다양하게 분화되었다. 그렇지만 단 한 가지, 술은 미생물인 효모의 발효에 의해 만들어진다는 공통점이 있다. 현대 과학과 기술이 크게 발달했다고는 하지만 아직은 인공적으로 술을 합성해 내지 않는다. 술을 화학적으로 합성하는 것보다 기존의 방식대로 만드는 것이, 이제까지 사람들이 발전시킨 발효 공학 덕분에 경제성이 훨씬 높기 때문이다.

요즘 주위를 조금만 둘러보아도 술을 비롯해 모든 문화에 대한 의식이 조금씩 바뀌고 있다. 피곤한 몸과 마음을 달래기 위해 마시는 술이라 하더라도 내일 일을 걱정해야 하고, 또한 자신과 가족을 위해 주머니 사정까지 헤아려 본 후에야 비로소 자신에게 주어진 시간과 돈에 맞게 술을 마시는 경향이 크다. 이처럼 술을 마시는 문화에서도 경제적인 조건이 술의 종류는 물론, 술을 마시는 시간과 장소를 결정하는 기준으로 작용하고 있다.

모든 술은 효모의 발효를 통해 얻으므로 곡식이나 과일을 발효시켜 그대로 마시는 술을 발효주라 한다. 대표적인 발효주로는 막걸리, 맥주, 포도주를 꼽을 수 있다. 그렇지만 발효주는 알코올의 농도가 비교적 낮으므로 알코올의 농도를 높이고자 증류 과정을 거쳐 증류주를 만든다. 증류주라 하더라도 모두 똑같지 않고, 저장과 가공의 정도에 따라 맛과 향이 달라지므로 이들의 경제적인 가치 또한 달라지기 마련이다. 우리가 양주라 부르는 술은 증류주를 가공 처리해 경제 가치를 높인 것을 말하는데 대부분 외국에서 들여오기에 양주라 부른다. 이에 비해 소주는 증류 알코올을 희석시켜 만든 것이기 때문에 경제 가치는 상대적으로 떨어진다. 물론 알코올의 농도는 양주가 소주에 비해 2배 정도 높은 데 불과하지만, 이들의 가격 차이는 10~20배에 이르고 더 나아가 어디에서 마시느냐에 따라서 엄청난 차이가 있다는 사실은 굳이 말하지 않아도 모두 잘 알 것이다.

앞에서 제시한 인용구는 술의 종류나 알코올의 농도보다는 술이 지닌 경제적 가치를 언급한 것이다. 인류와 함께 태어나 지금까지도 희로애락을 함께 나누고 있는 술은 과학과 기술의 발달에 힘입어 문화로까지 크게 발전했다. 우리 문화 안에도 수많은 종류의 전통주가 살아

한 잔 먹세그려, 또 한 잔 먹세그려

있지만 언제부터인가 외국에서 수입한 양주가 크게 위세를 떨치고 있다. 오래전부터 역사와 함께 지켜져 내려온 술 문화가 있다 하더라도 술의 경제 앞에서는 꼬리를 내리는 것이 오늘날 우리의 문화라 하겠다. 굳이 술의 경제성을 앞세울 것이라면 차라리 '반주는 오케이, 2차는 노.'로, 술 문화를 건전하게 만드는 일이 우리 사회에서는 그저 희망에 불과할까 하고 생각해 본다.

「알콜의 창으로 보는 세상」,《교수신문》2003년 3월 17일

이 글은 2003년에《교수신문》의 「문화비평」 칼럼에서 미생물학 전공자로서 술에 대해 간단히 소개한 것이다. 술은 누구든 한마디씩 거들 수 있는 소재이다. 그만큼 술 이야기는 무궁무진하다. 물론 술을 전혀 입에 대지 않는 사람도 있기는 하지만, 대부분은 젊을 때는 물론이고 나이가 들어서도 술에 결코 무관심할 수만은 없는 것이 우리 사회의 분위기이다. 누구나 자신의 경험을 바탕으로 술에 대한 관심, 음주에 대한 생각을 갖기 마련이고, 더 나아가 자신에게 맞는 음주 습관을 들이면서 제 삶을 만들어 간다.

술은 액체이기에 그릇이나 접시에 담아서 젓가락으로 집어먹거나 칼로 썰어 먹지 않는다. 당연히 술은 잔에 따라 마시는 것이다. 그런데도 많은 사람이 '술을 마신다.'라는 표현보다 '술을 먹는다.'라는 표현을 쓴다. 왜 술을 먹는다고 할까? 일단은 이러한 표현을 틀렸다고 하지 않고 허용하는 분위기이니 살아남았을 것이다. 같은 음료이지만

콜라나 사이다는 먹는다고 하지 않고 마신다고 정확히 골라 쓴다. 병에 "마시자 코카콜라(drink Coca-Cola)"라는 광고 문구를 써 놓은 것만 보아도 알 수 있다. 반면 술은 '마시다.'와 '먹다.'를 공통으로 쓰지만, 오히려 '술 먹자.'라는 말을 더 많이 쓰고 더 나아가 친근감이 더 강하다고 받아들이는 모양새이다. 이처럼 술을 먹는다는 표현을 사람들이 마음으로 받아들이면서, 이제 일부에서는 우유까지도 먹는다는 표현을 쓴다. 예를 들자면 젖먹이에게 모유 대신 우유를 먹인다고 하는 것이다. 물론 사람들이 밥을 먹는 것에 빗대어 젖먹이의 밥에 해당하는 우유를 주는 것이므로 이 표현은 충분히 가능하다. 그러나 젖먹이가 아닌 어린이에게는 우유가 밥을 대신하지 않기 때문에 어린이가 우유를 마신다는 표현이 일반적이다.

이처럼 '마시다.'와 '먹다.'라는 말에는 분명한 의미 차이가 있는데도 사람들이 이를 별로 느끼지 못한 채 쓸 때가 또 있다. 그것은 바로 물이다. 물은 당연히 마신다고 해야 하며, 먹는다는 말을 함께 쓰면 뜻이 이상해진다. '물먹다.'라는 말의 뜻에는 물기가 배어 촉촉해지는 것, 식물이 물을 양분으로 빨아들이는 것 외에도 사람이 골탕을 먹는 것, 시험에 떨어지거나 직장, 직위 따위에서 밀려나는 것이 있다. 다시 말해서 사람이 물먹는다는 말은 마치 동물이 먹이를 먹는 것처럼 안 좋은 뜻으로 말하는 모양새가 되어 버렸다. 그런데 우리나라는 한국어에서 일본식 한자어의 잔재를 덜어 내자는 뜻에서 '음용수 관리법'을 대신해 '먹는 물 관리법'이라 고침으로써 사람들이 사 마시던 물은

한 잔 먹세그려, 또 한 잔 먹세그려

먹는 물이 되어 버렸고, 국민들은 자신도 모르는 사이에 물먹는 사람이 되어 버렸다. 물론 잘 하자는 뜻으로 한 일인 줄은 알지만, 우리는 언제까지 물먹고 살아야 할까? 께름칙한 생각이 머리를 쉽게 떠나지 않는다.

술, 알고 먹자

사실 술을 마신다는 말 대신에 먹는다는 표현을 쓰는 것은 어제 오늘만의 일이 아니라 오래전부터 내려온 관습이다. 조선 시대 대표적인 문장가로 꼽히는 송강 정철의 권주가, 「장진주사(將進酒辭)」는 다음과 같이 노래한다.

한 잔 먹세그려 또 한 잔 먹세그려,

꽃 꺾어 산(算) 놓고 무진무진 먹세그려,

죽은 후엔 거적에 꽁꽁 묶여 지게 위에 실려 가나,

만인이 울며 따르는 고운 상여 타고 가나.

억새풀, 속새풀 우거진 숲에 한 번 가면 ……

그 누가 한 잔 먹자 하겠는가?

무덤 위에 원숭이가 놀러 와 휘파람 불 때 뉘우친들 무슨 소용 있겠는가?

왜 오래전부터 우리나라 사람들이 술을 먹는다고 노래했는지, 그 이유를 짐작하기란 그리 어렵지 않다. 우리는 그냥 술만 마시지 않고, 푸짐한 안주를 차려 놓고 함께 마셨던 것이다. 그러기에 술을 많이 마시면 당연히 안주도 덩달아 많이 먹었다. 저녁 식사에서부터 술을 마시다 보면 밥도 안 먹고 안주만 몇 점 먹고서 집으로 돌아와 밥을 따로 챙겨 먹는 사람도 있다는데, 진정한 술꾼이라 자처하는 이 중에는 밥은 무슨 밥이냐면서 술만 마시는 사람도 있다.

어쨌거나 이미 오래전부터 술 마실 때 곁들이는 푸짐한 안주 때문에 술을 먹는다는 표현도 아주 틀린 말은 아니다. 이와 달리 술을 마실 때 푸짐한 안주를 곁들이지 않는 서양의 문화는 우리의 그것과 크게 다르기 때문에 술 먹는다는 표현이 쉽게 받아들여지지 않을 것이다. '먹다.'와 '마시다.'를 엄격히 구분하는 서양 사람들의 입장에서는 술은 술이고 안주는 안주라는 식의 셈법이 일반적이다. 요즈음 한류 바람이 불면서 우리 문화가 외국에까지 소개되는 일이 많은데, 맥주와 치킨을 곁들여 즐기는 식문화인 '치맥'도 술과 안주를 곁들이는 우리의 대표적인 음주 문화라고 할 수 있다.

술은 효모라는 미생물의 알코올 발효 작용에 의해 만들어진 것이다. 그런데 사람들이 마시면서부터 술은 알코올로만 남아 있지 않고 이미 사람과 관계하는 문화로 발전해 왔다. 더구나 술에서 비롯한 문화를 살피고, 세계의 술 문화를 둘러보는 것도 흥미로운 일이다. 그런데 우리는 술을 세계에서 가장 많이 마시는 축에 속하면서도 그 술이 어떻게 유래했는지 제대로 알아보지도 않은 채 마시는 즐거움만 누린다. 좋은 술은 값비싼 양주이려니 하고, 좋기 때문에 값도 비싼 것이라는 단순한 생각에 사로잡혀 있다고 해도 과언이 아니다.

사람들이 알코올 발효 음료를 어떻게 만들기 시작했는지, 그렇게 만들어진 술은 인간 생활에 어떤 영향을 미쳤는지, 술이 인간 세상에서 문화를 이루고 역사를 만들어 간 과정은 어떠했는지 살펴보는 것이 술을 제대로 바라보는 시각이다. 술에 대한 정보와 지식은 문화를 더욱 풍요롭게 누리게 하며, 이는 더 나아가 새로운 문화를 만드는 데 기여할 것이다.

전쟁 대신에
평화를

모두 병원균이라 넘겨짚기 전에

우리는 '전쟁'이라는 말을 꺼려 왔다. 그래서 전쟁이라는 말 대신 '사변'이나 '사태' 같은 그럴싸한 말이나 '운동' 같은 모호한 말을 갖다 붙이기도 했다. 우리나라는 1950년부터 1953년까지 남한과 북한 사이에 전쟁을 치렀지만, 이를 '남북 전쟁'이라 부르는 대신 '6·25 사변'이나 '6·25 동란'이라고 에둘러 부르고는 했다. 외국에서는 '한국 전쟁(Korean War)'이라고 부르건만, 우리나라 사람들에게는 이 전쟁을 전쟁보다는 차라리 '난리'라고 하고 싶은 마음이 있었던 듯하다. 그나마 요즈음은 제대로 된 이름으로 불러야 한다는 생각을 하지만, 공식적인 명칭보다는 '난리'나 '동란'처럼 입에 익은 대로 말하는 경우가 여전히 더 많다.

누군들 전쟁이라는 말을 즐겨 쓰겠는가. 전쟁보다는 평화를, 싸우기보다는 화목하기를 바라는 것이 우리 모두의 한결같은 바람이다. 싸우지 않고 화목하게 지내자는 뜻으로 '칼로 보습을 만들다.'라는 표현을 쓴다. 전쟁에 쓰이는 칼을 쇠로 녹여 만든 보습으로 농사에 힘쓰자는 뜻이다. 그런데 요즈음 젊은이들은 물론이고 대다수가 보습이 정확히 무엇인지를 알지 못한다. 설령 농기구의 일종임은 어렴풋이 알아채더라도 구체적인 모양과 쓰임새를 아는 이는 그리 많지 않다. 이제는 널리 쓰이는 농기구가 아니기 때문이다.

보습이란 삽과 비슷한 모양을 한 농기구로, 땅을 갈아 엎는 쟁기에 붙이는 넓적한 쇠붙이를 말한다. 농사를 짓지 않고 지어 본 적도 없으며, 농기구를 구경조차 못 한 요즈음 사람들이 좀처럼 알기 어려운 낱말 가운데 하나이다. 그러니 앞에서 말한 '칼로 보습을 만들다.'라는 표현을 요즈음 식으로, '칼로 삽을 만들다.'라든가 조금 더 큰 물건에 비유해서 '탱크를 녹여 트랙터나 경운기를 만들다.'라고 표현을 바꾸는 편이 이해하기에 쉬울 것이다. 그도 아니면 요즈음 젊은이들이 좋아하는 식으로 간단히 줄여 '전쟁 대신에 평화를.'이라고 말하는 편이 알기 쉽다고 하겠다.

미생물에 대해서도 그저 간단히 '미생물은 병원균이다.'라고 생각해 버리는 일이 많다. 미생물의 종류에도 여러 가지가 있어서 어떤 것은 분명히 좋은 일을 하련만, 이것저것을 어렵게 따지고 싶지 않기 때문에 그냥 뭉뚱그려서 편하게 생각해 버린 결과이다. 더군다나 미생물은 눈에 보이지도 않는 존재이므로 제대로 구분하는 일이 그리 쉽지 않아서 그러한 경향이 더욱 크다. 그렇다고 해서 지금 이 자리에서 미생물의 종류를 모두 찾아 그들의 가치를 하나하나 따져 보자는 것은 아니다. 우리에게 병을 일으키는 미생물은 분명 해롭지만, 그렇다 해도 병원균의 성질을 제대로 이해하면 병을 극복할 수 있을 뿐만 아니라 병원균을 우리에게 유용하게 쓸 방법까지도 찾을 수 있지는 않을까?

디프테리아 백신에 숨겨진 이야기

특정 미생물의 성질을 제대로 이해함으로써 우리에게 도움을 주는 방향으로 이용하는 방법을 찾아낸 병원균 이야기가 하나 있다. 우리에게 한동안 상당한 피해를 주던 병 가운데 하나로 디프테리아가 있다. 이 병은 세균의 일종인 디프테리아균(*Corynebacterium Diphtheriae*)이 인체에 침입한 후 증식하면서 독소를 분비해 발생하는 급성 호흡기 전염병이다. 이 균이 분비하는 독소는 특히 목구멍을 붓게 하고 백태가 끼게 해 심하면 호흡 곤란으로 이어지는 치명적인 피해를 주기도 한다. 다만 오늘날에는 신생아가 생후 2, 4, 6개월이 되었을 때 각 1회씩 3회 기초 접종을 하고, 생후 15~18개월과 만 4~6세 시기에 각 1회 추가 접종함으로써 예방할 수 있는 병이다. 실제로 이렇게 예방 접종을 하면서 병의 발생이 크게 줄어들었다. 요즈음 어린이들에게 접종하는 디프테리아 예방 백신은 백일해(Pertussis)와 파상풍(Tetanus)을 한꺼번에 대상으로 하는 DPT 예방 주사가 있지만, 거기다 소아마비까지도 한꺼번에 예방 가능한 DTaP-IPV 콤보 백신을 접종할 수도 있다.

처음 디프테리아 예방 백신을 만들 당시의 이야기에는 사뭇 극적인 구석이 있다. 만일 디프테리아균이 분비하는 독소 작용을 멈추게 할 수만 있다면 환자의 고통을 줄이는 것은 물론이고 병으로 인한 피해를 막을 수도 있으리라고 생각한 에밀 아돌프 폰 베링(Emil Adolf von Behring)과 기타사토 시바사부로(北里柴三郞)는 연구 끝에 항독소(抗毒素) 물질을 만들어 이용하는 방법을 찾아냈다. 미생물이 분비하는 독소에 특정 단백질이 들어 있으므로 이 단백질을 항원으로 삼아 다른 동물의 몸속에서 항체를 생산할 수 있으리라고 본 것이다. 이렇게 만들어진 항체는 디프테리아균의 독소와 반응해 독소가 더는 활성화되지 않게 한다. 이때 생산되는 항체도 기본 성분은 단백질인데, 자신과 딱 들어맞는 단 한 가지 항원과만 반응할 수 있게 되어 있다. 이처럼 항체가 단 하나의 특수한 항원과만 반응하는 것을 '특이적 반응'이라고 부른다.

한편 항체와 항원의 반응은 순환계가 잘 갖추어진 동물의 몸에서 나타나는 면역 반응을 가리키며, 이처럼 항체를 이용한 면역 반응을 특별히 '특이적 면역'이라고도 부른다. 그런데 디프테리아처럼 항체를 이용한 면역 반응은 더 정확히 말하자면 디프테리아 독소를 중화시키는 것이므로, 독소의 중화 반응이라고도 달리 말할 수 있다. 그리고 여기에 이용되는 항체는 병원균에 직접 반응하지 않고 병원균이 분비하는 독소에 반응하는 것이므로 앞서 나왔듯이 항독소라 부르는 것이다. 다시 말해서 항독소는 항체의 한 종류인 셈이다.

모든 생물은 자신의 몸속에 이물질이 들어오는 것을 쉽게 허락하지 않는다. 외부 이물질이나 병원균의 침입으로부터 스스로를 지키기 위한 보호 장치를 선천적으로 갖추고 있는 것이다. 우리가 평소에 건강한 몸 상태를 유지하는 것은 스스로 느끼지 못하더라도 우리 몸이 이 같은 방어 체계를 언제나 가동하기 때문이다. 이것이 바로 생명체가 스스로를 지켜 내고자 노력하는 면역 반응이다. 이러한 면역 반응은 순환계와 순환 물질, 즉 핏줄과 피를 가진 동물에서 찾아볼 수 있는 중요한 생리 작용의 하나이다.

병원균의 멋진 탈바꿈

특이적 면역 반응은 크게 두 가지로 나뉜다. 하나는 몸속으로 들어온 항원에 대항해 그에 딱 들어맞는 항체를 몸속에서 스스로 만들어 내는 것, 다른 하나는 바깥에서 미리 만들어 놓은 항체를 몸속으로 넣어 주는 것이다. 전자를 능동적인 반응이라 해서 능동 면역이라 부르고, 후자를 수동적인 반응이라 해서 수동 면역이라 부르며 둘을

전쟁 대신에 평화를

구분한다. 그렇다면 디프테리아 독소에 대항하는 항독소를 외부에서 미리 만들어 두었다가 디프테리아 환자에게 넣어서 독소의 중화 반응이 일어나도록 유도하는 것은 그야말로 수동 면역에 딱 들어맞는 한 예인 셈이다.

수동 면역에 해당하는 또 다른 대표적인 예로는 독사에 물린 사람을 치료하고자 뱀독을 중화시키는 물질을 몸속으로 주입하는 경우가 있다. 독사에 물리면 뱀독이 온몸에 퍼져 물린 사람이 고통을 받고 심하면 죽음에 이른다. 이를 막기 위해 뱀독에 딱 들어맞는 항체, 즉 항독소를 미리 만들어 놓았다가 뱀에 물린 사람에게 주사한다. 그런데 뱀독의 성분이 모두 똑같지는 않기 때문에, 대표적인 뱀독이나 공통된 뱀독 성분에 대한 항독소를 미리 마련해 두었다가 필요에 따라 적절히 처방을 내려야 하는 번거로움이 있다.

항독소와 항체는 결국 같은 종류인데, 이름이 다른 것은 둘의 기능이 조금 다르기 때문이다. 모든 항체는 항원에 대항해 만드는 것이므로 기본적인 원리는 모두 같다. 단백질 성분이 있으면 어느 것이나 항원으로 작용할 수 있다. 생물의 생산물은 대부분 단백질로 이루어져 있다. 그래서 단백질 성분이라면 어떤 항원에 대해서라도 항체를 만들어 낼 수 있다. 다만 제 몸과 같은 종류로 인식된 단백질에 대해서는 항체를 만들지 않는다. 만약 자기 몸속 단백질에 대해 항체를 만들어 반응한다면 자기 스스로 고통을 주게 되기 때문이다. 가끔 일어나는 이 증세를 자가 면역 질환이라 부르며 면역 결핍증과는 반대되는 아주 드문 현상이다.

　디프테리아 독소를 해독하는 방법으로 항독소를 찾아냈지만, 다른 동물의 몸에서 항독소를 미리 만들어서 준비해 놓기란 아무래도 거추장스럽기 마련이다. 그래서 좀 더 편한 방법으로 찾아낸 것이 우리 몸 스스로 항독소를 생산해 내도록 하는 방법이다. 이를테면 예방 주사처럼 독소를 미리 몸속에 넣어서 몸 스스로 항독소를 생산하도록 할 수 있다. 여기에서 전제 조건은 몸속에 독소를 넣더라도 피해가 없어야 한다는 것이다. 따라서 역시나 우리 몸에 해를 끼치지 않도록 독소를 조금 변형한 다음에 넣는 방법을 찾아냈다. 우리 몸속에서 디프테리아에 대한 항독소를 생산할 수 있도록 함으로써 불편한 수동 면역 체계를 더욱 간편한 능동 면역 체계로 바꾸는 기술을 개발한 것이다.

　앞서 말했듯이 요즈음 신생아들에게는 디프테리아, 백일해, 파상풍까지 세 가지 병에 대한 복합 예방 주사인 DPT 접종을 한다. 이 예방 주사 덕분에 이전에는 많이 발생한 병의 발생률도 줄고 그만큼 위험성도 줄어들었다. 그러나 디프테리아 이야기는 여기에서 끝나지 않는다. 요즈음에는 질병을 예방하고 치료하는 방법에도 새로 개발된 기술이 적용되고 있다. 디프테리아 독소는 현재 몸속에서 백혈병의 원인이 되는 세포를 표적 세포로 삼아 파괴하는 미사일로 개발되고 있다. 이를 가리켜 이른바 '마법의 탄환'이라고 하며, 마법의 탄환을 이용한 치료 기술을 미사일 요법이라고도 부른다. 과학자들은 디프테리아균의 독소 분자와 결합하는 표적 세포를 백혈병을 일으키는 세포로 대체하려는 실험을 하고 있다. 이렇게 개량된 독소는 일반적인 방법으로는 치료가 불가능한 급성 백혈병 환자에게 투여했을 때 환자의 몸에서 백혈병의 원인이 되는 백혈구 세포가 급속히 줄어들면서 눈에 띄는 치료 효과를 나타내고 있다. 이러한 치료법이 제대로 자리 잡는다면 그야말로 우리 몸에 해만 끼치던 독소 분자가 전쟁이 아닌 평화의 상징으로 탈바꿈하는 것이겠다. 이처럼 병원균의 멋진 탈바꿈은 우리가 바라고 원하는 과학 발전의 대표적인 성공 사례가 될 수 있다.

미생물이
미래다

미래 생활과 미생물

새로운 1,000년을 맞이해 더 나은 삶을 추구하면서 사람들이 꼭 필요하다고 생각하는 몇 가지 과제를 꼽아 볼 수 있다. 이 가운데 서너 가지를 추려 내어 이 과제들을 해결하기 위한 과학 기술이 미생물과 어떠한 관계를 맺고 있는지 검토해 보는 것도 의미 있는 일이다.

우리에게 가장 중요한 미래 과제를 찾는다면 우선 식량 문제를 꼽는 데 주저하지 않을 것이다. 무엇보다도 음식을 먹고 힘을 얻어야 살아갈 수 있기 때문이다. 그렇지만 우리는 배불리 먹는 것에 만족하지 않고 '어떻게 하면 오래도록 건강하게 살 수 있을까?'라며 건강과 의료 문제 또한 걱정한다. 한편 생활을 여유롭게 유지하는 데 필요한 에너지를 어떻게 조달할 것인가도 고민거리이다. 마지막으로는 내 몸과 관련된 문제를 벗어나 주위 환경으로 눈길을 돌려 살펴본다. 나 자신의 건강만을 지키는 것이 능사는 아니다. 우리는 독립적으로 살지 않고 다른 사람, 주위 환경과 어우러져 살면서 서로 영향을 주고받기 때문이다. 따라서 깨끗한 환경을 만들고자 여러 사람이 여러 노력을 기울이고 있다.

이처럼 쾌적한 환경에서 살기 위한 노력은 식량, 의약품, 에너지, 환경 문제를 중심으로 전개된다. 그런데 이중 어느 것 하나 생명 공학을 빼놓고 해결하기 어렵다. 더욱이 생명 공학은 미생물을 빼놓고 생각할 수 없다. 요즈음 한창 각광 받고 있는 생물학 분야의 중심 화두로는 핵산 발견, 유전 법칙, 발효 등이 있다. 더욱이 이 새로운 과학 기술의 밑바탕에는 유전자 재조합 기술을 비롯해 세포 융합, 핵 치환, 세포 배양이라는 생명 공학 기술이 필수로 자리 잡고 있다. 미래 생활과 미생물의 상관 관계를 살펴보는 일은 우리 생활에 필요한 새로운 과학 기술을 이해하는 지름길인 셈이다.

첫째, 먹어야 산다

사람이라면 누구든 하루라도 밥을 먹지 않고는 잘 살 수 없다. 물론 일하다 밥 먹을 시간을 놓쳐 끼니를 거르거나 일부러 한 끼 내지는 하루 정도 먹기를 삼가는 경우가 있기는 하지만 말이다. 사람이 사람답게 살기 위해서는 어떻게든 끼니를 해결할 수 있어야 한다.

근대로 접어들며 인구가 증가함에 따라 식량이 부족해질 것이라고 토머스 맬서스(Thomas Malthus)를 비롯한 여러 학자가 예측했다. 따라서 근대 국가들은 식량의 증산에 힘을 쏟아 인구 증가에 대비했는데, 이 또한 과학 기술에 힘입은 바 크다. 우리나라도 1960년대부터 식량 증산에 힘을 기울여 주식인 쌀의 자급 체계를 이룩하고 수입에 의존하지 않도록 하는 성과를 거두었다. 통계청에 따르면 2017년 우리나라의 쌀 자급률은 103.4퍼센트를 기록했다. 요즈음 우리나라에서 생산된 쌀이 남아도는 현상은 쌀 소비가 줄어(마찬가지로 통계청에 따르면 우리나라의 1인당 연간 쌀 소비량은 1970년 136.4킬로그램에서 2017년 61.8킬로그램으로 감소했다.) 일어났다고는 하지만, 쌀마저 자급하지 못한 채 수입에 의존했을 때 우리의 식량 주권에 위협을 받는 날이 오지 않으리라 장담할 수 있을까?

먼저 식량을 증산할 방법을 생각해 보자. 우리는 무엇을 먹는가? 우선 우리가 어떤 농작물을 재배하는가를 알아야 한다. 그리고 농작물을 재배할 방법과 기술, 그리고 재배 작물의 관리와 경영 전략까지 익혀야 한다. 당연히 농작물을 심고 가꿀 땅도 있어야 한다. 예를 들어 벼를 재배한다면 벼 가운데에서도 어떤 품종을 심을 것인가 생각해 보아야 한다.

농부라면 누구나 좋은 품종의 씨앗을 뿌려 많이 수확하기를 원한다. 수확 시기를 앞당기려면 조생종 품종을 심고 늦게 수확하려면 만생종 품종을 심으며, 생산성을 높이려면 다수확 품종을 심어야 한다. 물론 다수확 품종이 좋다 보니, 곡식이 익어 갈 무렵이면 농부들이 논두렁 밭두렁을 거닐면서 눈에 띄게 많은 이삭이 달려 있는 작물을 눈여겨보았다가 따로 수확해 다음 해에 종자로 사용한다. 옛날 시골집을 떠올려 보면 처마 밑에 잘 익은 벼이삭이며 옥수수, 수수나 조이삭이 줄줄이 걸려 있는 모습이 그려질 것이다. 할아버지 아버지가 하나둘씩 따다가 다음 해 농사를 위해 보관해 놓은 것이다. 오래전부터 농부들이 자연 선택(natural selection)을 흉내 내어 왔다고 할 수 있다. 다시 말해 우리에게 이로운 유전자나 형질을 지닌 종자를 인위 선택(artificial selection)하는 것이다. 한편 다다익선이라고는 해도 맛을 무시할 수는 없으니, 비록 양은 적더라도 좋은 품질의 벼를 수확하고자 한다면 특별한 맛과 향을 내는 품종을 골라 심어야 한다.

생물학 연구에 힘을 쏟은 학자들은 동물이나 식물의 몸이 세포로 구성되어 있으며, 세포 안에는 핵이 들어 있고 핵 안에는 생물의 형질을 결정하는 유전자가 들어 있다는 사실을 밝혀냈다. 그레고어 멘델(Gregor Mendel)이 밝혀낸 유전 법칙은 고등학교 생물 교과서에도 실릴 만큼 널리 알려졌다. 생물학자들은 이 법칙을 이용해, 우리에게 필요한 형질을 지닌 생물끼리 교배시켜 다음 대에 더 유용한 품종을 확보하고자 했다. 이를 일컬어 교배 육종(cross breeding)이라 한다.

교배 육종은 생물을 육종하는 데 오랫동안 쓰인 중요한 방법이었다. 그렇지만 더 유용한 형질을 지닌 품종을 만들어 내기까지 오랜 시간이 걸린다는 점이 아쉬웠다. 부모의 형질을 물려받은 새끼가 자라서 다시 새끼를 낳을 때까지 걸리는 시간, 즉 한 세대로 식물은 적어도 1년이, 동물은 수년이 걸린다. 더욱이 새로운 품종으로 안정화하려면 여러 세대를 거치는 실험이 필요하므로, 새로운 품종의 개발에는 그보다 더 긴 시간이 든다.

이러한 어려움을 극복하기 위해 찾아낸 또 다른 방법은 생물학자들의 줄기찬 노력 끝에 나왔다. 일반적으로 생물은 암컷과 수컷의 교배를 통해 생겨난 수정란이 분화를 거쳐 새로운 생명체로 태어난다. 이 과정을 가리켜 양성 생식이라 한다. 새로 태어난 새끼는 어버이로부터 유전자를 반씩 물려받아 완전한 한 개체를 이루는데, 이때 부모로부터 물려받은 유전자가 우리에게 유리한 형질을 발현시키면 우리에게 더 유용한 개체가 나타나는 것이다. 이 사실을 아는 학자들은 우리에게 유리한 형질을 지닌 유전자를 직접 다음 대에 전할 방법을 연구했다. 즉 유전자를 인위적으로 조작할 방법을 찾아 나선 것이다.

둘째, 유전자를 조작하다

유전자 조작 기술(genetic manipulation)은 특정한 유전자를 잘라 내서 운반체에 붙인 다음, 목표로 하는 세포의 핵 안으로 넣어 주

미생물이 미래다

는 기술을 말한다. 우리가 아는 한 생명체의 유전자는 대부분 겹 가닥의 DNA 핵산에 저장되어 세포의 핵 안에 자리하고 있다. 따라서 우리가 원하는 특정 유전자를 찾아내어 핵산 절단 효소로 끊어 내고, 연결 효소를 이용해 이것을 DNA로 이루어진 운반체에 옮겨 실어서 다른 세포의 핵산 안으로 넣을 수 있다. 이것이 유전자 조작 기술인데, DNA 핵산을 다루는 기술이므로 이것을 다른 말로 유전자 재조합 기술(recombinant DNA technology)이라고도 부른다.

유전자 조작 과정에서 이용하는 운반체를 비롯해 핵산 절단 효소나 핵산 연결 효소 등은 인공적으로 만들어 내기 어렵기 때문에 생명체 안에 이미 존재하는 것을 찾아 쓴다. 그런데 이처럼 생물 소재들을 유전자 조작 기술에 효과적으로 쓰려면 당연히 그 수가 많아야 하며, 따라서 이 소재들을 갖춘 세포가 비교적 쉽게 증식할 수 있어야 한다. 이러한 조건을 갖춘 생명체로는 가장 먼저 미생물이 떠오른다. 물론 식물 세포나 동물 세포도 배양 기술의 발전에 힘입어 원료 공장으로 쓸 수 있지만, 경제성을 따져 보면 미생물의 증식에 못 미칠 수밖에 없다.

우리는 생물의 종류를 크게 동물과 식물로 나누지만, 그 외에 미생물을 따로 구분하기도 한다. 물론 미생물이라 하더라도 모두 똑같은 종류는 아니므로 이들을 곰팡이, 세균, 바이러스로 조금 더 자세히 나누기도 한다. 그런데 이제까지 이러한 구분은 미생물이 병원균이라는 관점에서 해 온 것이다. 모든 생명체의 중심이 되는 세포와 핵을 기준으로 구분하자면, 모든 생물과 미생물을 진핵생물과 원핵생물 두 종류로 나누는 것이 일반적이다. 덧붙이자면 진핵생물에는 식물과 동물, 원생생물, 그리고 균(곰팡이)이 속하고, 원핵생물에는 세균 한 종류가 속한다. 이는 생물 세계를 미생물까지 포함시켜서 체계적으로 구별한 방법이다.

세균은 분명 원핵생물이지만, DNA 분자로 구성된 핵을 갖추고 자체적으로 생리 대사를 하는 가장 작고도 완전한 단세포 생명체이다. 세균도 분명히 다른 진핵생물들과 마찬가지로 DNA 분자로 이루어진 유전자를 갖고 있기에 다른 생물들과 유전자를 공유할 수 있는 기본 조건은 다를 바가 없다. 게다가 세균의 몸속에는 핵 외에도 DNA 분자로 이루어진 플라스미드라는 특별한 기구가 있다. 학자들은 필요한 유전자를 플라스미드에 잘라 붙여 원하는 곳으로 실어 나르는, 즉 플라스미드를 운반체(vector)로 이용하는 방법을 찾아냈다.

세균의 가장 큰 장점은 뛰어난 증식력에 있다. 충분한 먹이와 적당한 온도, 그리고 알맞은 pH만 갖추어지면 세균 하나가 스스로 쪼개져 둘로 나뉘는 증식 능력을 보인다. 대장균은 불과 20분 만에 스스로 증식하는 능력을 발휘한다. 이는 짧은 시간 안에 엄청난 수로 늘어나는 무서운 능력이다. 예를 들어 하루에 번식할 수 있는 대장균의 숫자를 간단히 생각해 보면, 1시간에 3세대를 이루므로 하루에는 72세대를 이루는데, 산술적으로는 1, 2, 4, 8, 16, 32, 64, 128로 이어져서 마지막에는 2^{72}이라는 어마어마한 숫자에 도달한다.

이처럼 엄청난 증식력을 갖추고 있는 세균은 학자들에게 아주 좋은 실험 재료이다. 짧은 시간에 엄청나게 많은 수의 실험 재료를 확보할 수 있는 것은 물론이고, 이 재료들의 크기가 그렇게 크지도 않아 실험실에서 간단히 다룰 수 있다는 또 다른 장점까지도 있다. 그뿐만이 아니다. 이처럼 왕성한 증식력을 갖춘 세균의 몸속에 우리가 원하는 유전자를 넣어 주면 짧은 시간 안에 증식시킬 수 있으므로, 유전자를 필요한 만큼 확보할 수 있다. 유전자가 만들어 내는 대사 산물을 필요한 만큼 충분히 얻을 수 있다는 장점 또한 활용할 수 있다.

생명체의 기본을 이루는 세포는 우리 눈으로 볼 수 없는 작은 크기를 하고 있다. 물론 단세포로 이루어진 세균 또한 마찬가지이다. 이처럼 작은 크기의 세포나 세균 안에 들어 있는 유전자는 당연히 눈으로 볼 수 없으며 광학 현미경으로도 볼 수 없다. 그런데도 학자들은 유전자를 조작하는 과정에서 어디에 있는지 존재를 확인하면서 유전자를 이리저리 뜯었다 붙이고 옮기며 필요한 만큼 양을 늘리기도 한다.

실험에 필요한 유전자의 양을 늘리는 것은 유전자 증폭 기술이 개발됨으로써 가능해졌다. 유전자 증폭은 유전자 복제를 반복함으로써 유전자를 구성하는 핵산 염기 서열을 많이 만들어 내는 것이다. 유전자 증폭 기술의 원리는 비교적 간단하다. 우선 겹 가닥으로 된 DNA 분자에 열을 가하면 외가닥으로 벌어지는데, 이 외가닥 한편에 염기쌍을 이루는 몇 개의 염기로 이루어진 시발 물질(primer)을 붙이고 그로부터 주형에 따라 염기를 하나씩 쌍을 이루면서 붙이는 것이다. 이때 붙이는 작업을 하는 복제 효소는 어떤 종류를 써야 하는가가 관건이다. 필요한 유전자를 증폭하면서 겹 가닥 DNA를 외가닥으로 나누기 위해서는 온도를 높이고 다시 염기를 붙이는 반응을 보통 한 번으로 그치지 않고 수십 번이나 반복해야 하는데, 이러한 열처리 과정에서도 활성을 잃지 않고 복제 반응을 지속할 수 있는 특별한 복제 효소를 찾아내는 것이 중요하다. 미국의 생화학자 캐리 멀리스(Kary Mullis)는 바다 밑 뜨거운 곳에서 사는 고온 세균에서 이러한 내열성 복제 효소를 찾아내어 유전자 증폭 기술을 개발했다. 이 기술은 중합 효소 연쇄 반응(polymerase chain reaction, PCR)이라고도 부르며, 이 기술을 개발한 공로를 인정받아 멀리스는 1993년 노벨 화학상을 수상했다.

학자들은 PCR와 유전자 재조합 기술에 근거해 유전 공학(genetic engineering)이라는 새로운 분야를 개척했으며, 더 나아가 생명체의 배양을 통한 공학적인 이용법을 개발하면서 생명 공학(biotechnology)으로 발전시켜 나갔다. 연구자들은 이에 그치지 않고 더욱 광범위하게 생물과 관계되는 모든 내용을 다루는 생명 과학(life sciences)을 발전시키고 있다. 이처럼 이름과 범위는 서로 다르지만 생물과 생명 문제를 다루는 모든 기술과 학문은 생물과 생명이라는 범위를 벗어날 수 없으며 숙명적으로 만나게 된다. 이제 우리 생활에서 생물학을 제쳐두고 어떤 것도 생각할 수 없으니, 지금을 '생물학의 시대'라고 불러도 과언이 아니다.

셋째, 건강을 생각하다

새로운 과학과 기술의 발전에 힘입어 우리는 영양가 높은 식량 자원을 확보했고, 질병을 예방하고 치료할 방법을 개선해 기대 수명을 연장시켰다. 그렇지만 건강에 대한 관심은 줄기는커녕 오히려 이전보다 더욱 커지기만 한다. 이제까지 알려지지 않았던 새로운 질병이 나타나거나, 과거에는 문제되지 않던 것들이 새로운 문제를 만들어 내고 있기 때문이다. 미생물에서 얻어 낸 항생 물질이나 천연물로부터 추출한 새로운 물질을 이용함으로써 우리는 전염병과 질병을 퇴치하는 데 많은 성과를 거두었으나, 평균 수명의 연장이라는 혜택은 암이나 면역성 질환처럼 새로운 질병을 가져왔다. 이를 치료하기 위한 새로운 의료 기술의 개발이 요구되는 것이다.

아무리 특이한 질병이라 하더라도 치료약을 구할 수 있다. 어렵게 찾아낸 치료약의 성분을 조사해 보면 생명체가 생산하는 희귀한 생리 활성 물질인 경우가 많다. 이 물질들은 매번 생명체에서 직접 추출하기보다도 생명 공학적 방법으로 대량 생산하는 편이 더욱 효과적일 때가 많다. 이처럼 생명 공학을 이용한 방법과 기술로 빠르게 효과를 볼 수 있는 분야는 의약품 생산 부문이다.

생명 공학 기술을 이용해 생산한 의약품 중 잘 알려진 예로는 당뇨병 치료제인 인슐린(insulin)이 있다. 처음에는 돼지나 소의 췌장에서 인슐린을 추출해 치료에 썼지만, 이 방법으로 확보되는 인슐린의

양에는 한계가 있을 수밖에 없었다. 따라서 연구자들은 1978년부터 생명 공학적인 방법으로 대장균에서 사람의 인슐린을 양산해 치료에 이용했다. 이 방법 또한 대장균이라는 생물 공장에서 인슐린을 생산한 것이지, 인체에서 생산한 것은 아니라는 점에서 지속적으로 쓰기에는 부담이 따랐다. 현재는 세포 배양 기술의 발전에 힘입어 사람의 세포를 배양한 세포 공장에서 인슐린을 대량으로 생산하고 있다.

생명 공학 기술은 필요한 의약품을 생산해 어려움을 극복하는 데에 큰 도움을 주고 있다. 왜소증을 앓는 아동을 치료하는 데 쓰기 위해 사람의 성장 호르몬을 생산하는 것은 물론이고, 면역 세포에서 만들어지며 암세포의 증식 억제 효과를 내는 단백질 인터페론(Interferon)을 생산해 의약품으로 쓰기 시작한 것도 오래전 일이다. 그밖에도 항암제로 쓰이는 여러 면역 조절 물질이나 빈혈증 치료제로 쓰이는 EPO(erythropoietin) 및 신경 활성 물질 등을 잇달아 개발해 많은 도움을 주었다.

그 외에도 혈우병 환자의 출혈을 방지하는 데 필요한 물질이나 새로운 혈전 용해제 등은 사람의 혈액에서 추출하거나 배양된 세포로부터 얻어 내는 특수 단백질이다. 이 단백질들을 직접 추출해 이용하는 것도 좋기는 하나 효율적이라고 할 수는 없다. 그래서 학자들은 특수 단백질을 생산하는 유전자를 암소나 암양에 넣어서 특수 단백질이 포함된 젖을 생산하도록 유도했다. 이 젖을 우유로 가공한다면 특수 단백질을 굳이 실험실에서 정제하는 것보다 더 적은 비용을 들여서 훨씬 더 많은 양을 생산할 수 있다. 이 젖은 우리나라에서도 흑염소나 젖소를 통해 얻을 수 있다. 또한 유전적인 변이를 일으킨 동물 세포나 동물의 젖에서 질병 치료제로 쓰이는 물질을 얻는 방법도 개발했다. 생명 공학 기술은 특수 성분을 포함하는 영양 식품 제조나 생물 제약(生物製藥)을 실용화하며 인류의 건강과 복지 향상에 이바지하고 있다. 바야흐로 생명체를 이용한 대량 생산 체계를 갖춘 진정한 생명 공학 기술의 시대가 열리고 있다.

넷째, 에너지를 만든다

에너지는 현대 사회에서 잠시라도 없어서는 안 되는 필수 요소이다. 옛날에는 자연에서 에너지를 얻어 썼지만, 요즈음에는 석탄과 석유, 천연 가스를 에너지원으로 개발하면서 산업이 발전했고 우리 생활 또한 크게 바뀌었다. 현재 에너지와 관련한 우리나라의 상황은 결코 안심할 수 없다. 90퍼센트가 넘는 에너지원을 수입에 의존한다는 점, 화석 연료의 사용이 증가함에 따라 배출되는 대기 오염 물질의 양도 많아지면서 심각한 환경 오염이 나타난다는 점이 우리가 당면한 에너지 문제이다.

우리는 이미 지난 1973년에 석유 파동을 경험한 바 있다. 또한 전 세계적으로도 인간이 생산하는 전력 가운데 80퍼센트 이상을 화석 연료에서 얻고 있으므로, 화석 연료가 고갈된 이후 대책을 세우고 대체 에너지 개발에 힘을 기울여야 한다. 새로운 대체 에너지로 생각되는 대상으로 첫째는 무한히 존재하는 태양광을 이용하는 것이고, 둘째는 지표면의 71퍼센트를 덮고 있는 많은 바닷물에 포함된 해양 에너지를 이용하는 것이며, 셋째는 아직 완벽하지는 않지만 미래의 에너지 산업으로 기대되는 핵융합 기술을 이용하는 것이다.

물론 우리나라 또한 새로운 에너지 공급의 혁신이 필요하다. 설령 현재의 에너지 소비량을 꾸준히 유지하더라도 에너지를 절약하고 대체 에너지를 찾아야 한다는 당위성은 떨칠 수가 없는 것이다. 혁신을 위해서는 에너지의 효율성을 높이는 동시에 지구 환경을 보전해야 한다는 두 가지 과제를 동시에 충족해야 하는 어려움이 우리 앞에 가로놓여 있다. 경제적 측면을 고려해서라도, 고갈되지 않고 공해 없는 태양열에 많은 사람이 관심을 갖고 이를 이용할 기술을 개발하기 위해 노력하고 있다. 그러나 지금까지는 필요한 만큼 충분한 에너지를 태양열로부터 얻지 못하는 형편이다.

지금까지 우리가 어쩔 수 없이 쓰고 있는 에너지원은 석탄과 석유를 기본으로 하는 화석 연료이다. 현재 산업 구조에서는 경제적인 이유 때문에 화석 연료인 석탄과 석유에서 쉽게 벗어나기 어렵다. 그러나 에너지 자원은 곧 고갈되고 환경 오염 문제가 대두될 것이다. 이를 근본적으로 해결할 수 있는 방법이 바로 새로운 에너지의 개발이지만, 단기간에 해결될 문제가 아니므로 우선 대체 에너지와 재생 에

미생물이 미래다

너지의 개발이 시급하다.

대체 에너지로는 수소를 연료로 이용하는 방법, 풍력과 조력 (潮力), 지열과 태양열을 이용하는 방법이 있다. 그 외에도 생물학적인 방법으로 폐기물이나 유기물에서 알코올을 비롯한 생물 에너지 (bioenergy)를 얻어 쓸 수 있는데, 이 방법은 환경 친화력을 갖추었다는 장점이 있다. 대체 에너지의 개발에 생명 공학이 공헌할 수 있는 방법은 생물, 그 가운데에서도 특수 미생물을 이용해 에너지를 생산하는 것이다. 생물에서 얻을 수 있는 에너지는 전분이나 섬유소 자원을 이용해 만들어 내는 알코올 같은 액체 연료와, 물을 광분해시켜 얻을 수 있는 수소 기체 같은 기체 연료가 있다. 이들은 환경을 오염시키지 않는 청정 에너지를 생산하는 동시에 유기 성분을 포함하는 폐자원을 쓸 수 있다는 장점이 있어 최근 각광을 받고 있다.

식물의 섬유소를 발효시켜 얻는 알코올은 가소올(gasohol)처럼 대체 에너지 원료로 쓸 수 있다. 가소올은 가솔린과 알코올을 각각 80퍼센트와 20퍼센트의 비율로 섞어서 만든 합성유의 이름이며 현재 브라질에서 대체 연료로 쓰인다. 한편 수소는 물에서 뽑아낼 수 있으므로 지구에서 가장 손쉽게 얻을 수 있는 자원이다. 특히 수소 기체가 연소할 때는 많은 열을 내면서 물을 만들어 내기 때문에 환경을 오염시키지 않는다는 장점이 있다. 수소는 기체 상태로는 물론이고 액체나 금속 수소화물로 저장하거나 수송할 수 있으며, 연소시켜서 열이나 전기 에너지로 바꿀 수 있다. 수소 기체를 값싸게 대량으로 얻으려면 물을 전기 분해하거나 생물학적으로 발생시키는데, 현재 이에 대한 연구가 집중적으로 진행되고 있다.

로도스피릴룸($Rhodospirillum$)이나 로도슈도모나스($Rhodopseudomonas$) 등의 수소 발생 세균은 제 몸속에서 수소 기체를 생성하므로 반응기의 크기가 자유롭다는 점, 재생산 가능한 자원을 이용할 수 있다는 점이 장점이다. 물론 수소 발생 과정은 세균의 종류에 따라 다양하며, 전자를 내놓으며 에너지를 만드는 전자 공여체나 반응에 관여하는 효소 등도 일정하지 않다. 그래도 광합성 세균은 혐기적인 상태에서 빛을 받으면 대부분 포도당이나 유기산 등을 전자 공여체로 이용해 수소를 발생시킨다는 공통점이 있다.

$$C_6H_{12}O_6 + 6\,H_2O \longrightarrow 6\,CO_2 + 12\,H_2$$
$$C_3H_6O_3 + 3\,H_2O \longrightarrow 3\,CO_2 + 6\,H_2$$

태양 에너지를 흡수한 세균은 배양액으로부터 유기산이 모두 소모될 때까지 유기산을 분해하면서 수소를 만들어 낸다. 게다가 이 광합성 세균은 수소를 생산하는 과정에서 생활 하수나 산업 폐수를 처리할 수 있는 체계가 실험적으로 성공하고 있다. 일석이조의 효과가 기대된다. 다만 미생물에 의한 수소 생산은 아직 기술적으로 개선해야 할 점이 많다. 특히 수소 발생 능력이 좋은 미생물을 확보하기 위해 생명 공학을 동원하고 있으며, 생산 방법에서도 기술적인 보완책이 집

미생물이 미래다

중적으로 연구되고 있다.

다섯째, 환경을 생각하다

생물이 살아가기 위해서는 서식처의 조건이 맞아야 한다. 오랫동안 안정을 유지해 온 환경에 새로운 물질이 더해지면서 생물이 살수 없는 조건으로 서식처가 바뀌는 것을 가리켜 환경 오염이라 한다. 환경 오염으로는 대기 오염, 토양 오염, 수질 오염이 꼽히며, 폐기물 오염이 특별히 더해지기도 한다. 서식 환경에 변화가 생기면 그곳에 살던 생물들은 변화된 환경에 새로 적응하거나 환경을 이전 상태로 되돌리려 한다. 특히 생물들이 환경을 되돌리는 과정을 자정 작용(self purification)이라 부른다. 자정 작용에서는 환경이 스스로 지켜 내려는 부단한 노력을 엿볼 수 있다.

과학과 기술이 발전하면서 우리는 새로운 물질들을 요구하고 만들며 생활을 더욱 윤택하게 가꾸고 있다. 그런데 이 물질들이 만들어지고 없어지는 정도가 조화를 이루지 못하고 너무 많이 만들어지면 자연에 축적되어 해를 끼치게 된다. 이것이 공해이다. 최근 인류의 생존을 위협하는 주요 요인으로 드러나고 있다.

물은 생물의 기본적인 생존 조건이다. 물을 오염시키는 주요 공해 요인으로는 우리가 일상 생활에서 쓰고 내버린 생활 하수, 그리고 산업 활동에서 쓰고 버린 산업 폐수가 있다. 오늘날 도시에서 배출되는 하수의 대부분이 생활 하수이다. 수질 오염을 막기 위해서는 하수와 폐수를 오염된 그대로 내버리지 않고 해를 끼치지 않을 정도로 깨끗이 만들어 내보내야 한다. 이를 하수 처리, 폐수 처리라 부르는데, 여기에는 물리·화학적인 방법과 생물학적인 방법이 있다. 전자는 폐수에 포함된 오염 물질을 걸러 내거나 약품으로 제거하는 방법을, 후자는 미생물 등을 이용해 오염 물질을 분해시켜 없애는 방법을 말한다. 물리·화학적인 폐수 처리 방법은 기계 장치나 화학 약품을 쓰므로, 처리 시설을 설치하는 데 큰 비용이 들며 운영 자금도 많이 들지만 빠른 시간 내에 처리한다는 장점이 있다. 그러나 재처리 과정에서 2차 오염이 발생할 수도 있다는 문제점이 있다. 반면 생물학적 방법은 물리·화학적인 방법에 비해 시설을 설치하고 운영하는 데 비용이 적게 들기는 하지만, 처리 속도가 느리고 모든 종류의 폐수를 처리하는 데 쓸 수는 없다는 단점이 있다. 이때 쓰이는 미생물의 종류에는 세균을 비롯해 균류, 원생동물 등이 포함된다.

생물학적 방법이 갖는 가장 큰 장점은 환경을 오염시키지 않고 환경 친화적으로 처리한다는 것이다. 미생물을 이용해 폐수를 처리하는 방법은 주로 폐수에 들어 있는 유기물 성분을 미생물의 먹이로 삼아 이산화탄소나 메탄 기체를 발생시켜 제거하는 것이다. 최근에는 분해 미생물의 먹이로 쓰이는 오염 물질의 유입량을 조절해, 분해 능력을 높이면서 이제까지 알려진 생물학적인 처리 방법을 활성화하는 데

주력하고 있다. 특별히 생물학적인 처리 방법의 개선책으로 효과를 더욱 높인 생물막 처리법(biofilm treatment)을 개발했고, 최근에 이르러서는 폐수 처리 능력을 더욱 강화한 유전자 조작 미생물(genetically engineered microorganism, GEM)을 새로 개발했다. 특별히 이제까지 처리하기 어려웠던 난분해성 인공 합성 유기물을 분해할 수 있는 미생물을 개발해 독특한 폐수 처리법으로 활용할 수 있는 가능성을 제시했다.

자연에는 생산자와 소비자, 그리고 분해자로 이어지는 물질의 순환 체계가 잘 갖추어져 있으므로 이제까지는 문제가 발생하지 않았다. 공해 물질 또한 이를 먹이로 삼는 미생물이 있기 때문에 문제 해결의 실마리를 찾을 수 있다. 실제로 폐수 속에 들어 있는 물질들이 심각한 독성을 띠지 않는다면 이들을 여러 종류의 미생물과 생물이 영양 물질로 삼을 수도 있다. 폐수 속 난분해성 오염 물질 대부분은 유기물을 포함하고 있으므로, 미생물을 통해 난분해성 오염 물질을 분해시킬 방법을 찾아내고자 많은 노력을 기울이고 있다.

폐수를 따로 모아 처리해야 한다는 인식은 얼마 전만 해도 부족했다. 자연의 자정 작용만으로도 오염 물질을 적당히 처리할 수 있었기 때문이다. 그러나 이제는 하천과 호수에서 부영양화 현상이 나타나 이에 대한 처리 방법과 예방법이 사람들의 관심을 끌게 되었다.

폐수를 비롯해 폐기물을 단순히 처리하는 방법에는 이것을 비료로 이용하는 것이 있다. 미생물은 오염 물질을 분해해 식물이 쓸 수 있는 간단한 형태로 만들며, 식물은 이 물질들을 흡수해 생장에 이용하거나 몸속에 축적한다.

이처럼 미생물을 활용해 식물의 비료로 폐수를 쓰는 것을 오수경작(sewage farming)이라 부른다. 이는 퇴비화(composting)의 가장 단순한 방법이며, 토양 처리법으로도 구분할 수 있다. 반면 하수관을 통해 하수를 하천으로 흘려보내는 것은 희석 방법이라 부른다. 폐수 처리법도 시대에 따라 변한다. 과거에는 폐수 속 수인성 병균을 제거하는 데, 최근에는 호수나 하천에 유입된 질소나 인 성분을 제거하는 데 중점을 둔다.

수소 기체나 알코올 등 청정 에너지의 개발과 이용은 환경을 지키기 위한 필수 기술이다. 또한 축산 폐기물을 연료로 쓰고, 모든 생물량을 자원화하며, 태양열 집열판으로 가동하는 난방 시스템을 보편화하는 것은 물론, 산업 공정에서 나오는 폐열을 경제적으로 공급하는 것까지도 환경 친화력과 효율성을 고려한 새로운 에너지 전략이다. 우리나라 또한 환경을 파괴하지 않고도 에너지를 쓸 수 있는 방법과 기술을 찾아내고자 심혈을 기울이고 있다. 지금보다 더욱 나은 환경에서 우리의 미래 세대가 살 수 있는 지구를 물려주는 데 힘을 모을 때이다.

맺음말
새로운 시대, 새로운 독자를 위한 『보이지 않는 권력자』

'10년이면 강산도 변한다.'라고들 하는데, 강산이 그로부터 두 번이나 변했을 그해 5월 어느 오후 연구실에서 전화벨 소리가 유난히도 크게 울렸다. 수화기를 집어 들자 저편에서 낯선 말이 들려왔다.

"보이지 않는 권력자! 축하합니다."

평소에 잘 알고 지내던 선배 교수의 목소리였으나 난데없이 바뀌어 버린 호칭 때문에 잠시 당황할 수밖에 없었다. 서점에 깔린 따끈따끈한 책을 보고 전화를 했다는데, 감사하다는 인사나 제대로 했는지 기억조차 없을 정도로 엉겁결에 몇 마디를 나누다 통화를 마쳤다. 지금 돌이켜 보니 참으로 고마운 전화였다. 그때는 뭔지도 몰랐지만, 한 책의 지은이가 되었음을 축하해 주는 따뜻한 배려였다고 이제는 생각한다.

『보이지 않는 권력자』의 이야기는 이렇게 시작되지만, 그 출생은 조금 더 이른 시기로까지 거슬러 올라간다. 1980년대 우리나라는 정치와 경제, 사회, 문화와 예술에 이르기까지 모든 분야에서 큰 변화를 겪었다. 모두 잘 알다시피 '386 세대'는 1960년대에 태어나서 1980년대에 대학을 다녔던 사람들을 가리키고자 1990년대에 만들어진 말이다. (당시 30대였던 이들도 50대가 되었기 때문에 이제는 '586 세대'라고 불리게 되었다.) 아마도 사회 분위기의 영향을 받아 대학가에서도 대중을 향해 학문 연구의 방향을 잡으려는 욕구가 한창 강했던 때로 기억한다. 개인적으로는 한동안 외국에서 하던 공부를 마치고 한국으로 돌아와 대학에서 학생들과 함께 호흡하면서 강의와 연구에 나름대로 열심이던 때였다.

그즈음 사회 분위기가 조금 진정되자 대학에서는 '지도 교수 제도'를 만들어 교수와 학생이 함께하는 시간을 보내도록 권장했다. 그리하여 1990년도에 입학한 신입생들에게 지도 교수라는 이름으로 첫인사를 나누고, 미생물학을 처음 접할 그들이 이 학문에 입문할 수 있을 정도로 아주 쉽게, 일반 대중에게 이야기하듯 반 시간가량을 이야기했다. 그날 이야기를 마치고 나서 신입생들의 얼굴을 살펴보니 내가 의도한 것과는 전혀 달랐다. 아하! 그렇구나. 이 학생들은 이야기가 아니라 강의를 들은 것이고, 강의실 문을 나서면서 다 흘려버리겠구나. 그렇다면 이제 내가 할 일은 미생물 이야기를 기록으로 남기는 것밖에 없겠다고 생각했다.

그로부터 5년 동안 나는 미생물에 관해 여러 자료를 모으고 정리했다. 물론 처음부터 모든 것을 혼자 할 수는 없었다. 졸업을 앞둔 학생들과 함께 미생물에 관한 중심 단어를 생각나는 대로 칠판에 적어 가면서, 썼다 지우기를 몇 차례 반복하면서 그러모았다. 그렇게 모은 자료를 분야별로 모아 살을 붙이고 원고로 가다듬었다. 허나 어느 정도 정리되었다는 생각이 들 쯤에도, 과연 이것이 책으로서 가치가 있는지 혼자서 판단할 수가 없었다.

궁금한 마음에 나는 이 원고를 들고 ㈜민음사 편집부의 문을 두드렸다. 이 원고가 교양 과학책으로 출간될 만한지 검토해 달라고 부탁하기 위해서였다. 당시 ㈜민음사는 '민음의 과학'이라는 이름으로 번역서 위주의 교양 과학책을 출간하는 우리나라에서 몇 안 되는 출판사였다. 편집부의 검토 결과는 다행히도 긍정적이었다. 체재와 형식을 가다듬고 분량을 조절하면 출간할 수 있겠다는 의견을 듣고 원고를 가다듬는 동안 ㈜민음사는 과학 분야를 전문적으로 출판할 ㈜사이언스북스의 창립을 계획하고 있었다. 이 계획은 내가 개정판 원고를 탈고하던 2017년 1월에 타계한 고(故) 박맹호 ㈜민음사 회장의 작품이다. 나는 ㈜사이언스북스의 창립을 기다리며 원고를 가다듬었으며, 그 결과 2년 후인 1997년 이 책은 ㈜사이언스북스를 통해 세상에 나와 빛을 보게 되었다. 이 책은 따지고 보면 ㈜사이언스북스와의 깊은 인연으로 만들어진 것이다.

이 책의 출간을 준비하면서 막판에 어려웠던 일은 제목을 정하는 것이었다. 나는 미생물을 주제로 이야기하는 책이니 '미생물 이야기' 정도가 어떻겠느냐고 제안했으나, 편집부에서는 다른 제목을 찾아보자며 궁리를 거듭했다. 그러던 참에 당시 ㈜사이언스북스에서 번역 출간을 준비하던 버나드 딕슨(Bernard Dixon)의 책 원제가 "Power Unseen"인 것에서 아이디어를 얻어 『보이지 않는 권력자』로 하자고 편집부에서 제안했다. 지금 와서 다시 생각해 보아도 역시 편집부의 결정은 탁월했다고 인정할 수밖에 없다. 버나드 딕슨의 책은 나중에 『미생물의 힘』으로 번역 출간되었다.

㈜사이언스북스의 도움으로 『보이지 않는 권력자』가 출간된 즈음 우리나라의 교양 과학책은 대부분 번역서가 중심을 이루었고, 자연 과학의 각 분과에서 우리나라 저자가 한국어로 저술해 출간한 교양 과학책은 손에 꼽힐 정도로 드문 편이었다. 아마 미생물에 관해서 국내 필자가 쓴 교양 과학책은 『보이지 않는 권력자』가 처음이었을 것이다. 지금도 크게 나아졌다고는 할 수 없지만 당시에는 교양 과학 필자를 더더욱 찾아보기 어려웠다. 권오길 교수와 최재천 교수를 비롯한 몇몇 원로 교수들과, 과학세대를 비롯한 소장 학자들이 드문드문 국내 교양 과학책을 출간하는 정도였다. 일반 대중을 대상으로 글쓰기를 하는 학자에게 대놓고 "시간이 있거든 학술 논문 한 편을 더 쓸일이지, 쓸데없이 외도를 한다."라며 핀잔을 주다시피 하는 동료 학자들이 대학에 많던 시절이었다.

지금 와서 다시 생각해 보더라도 그처럼 어려운 환경 속에서 일반 대중을 대상으로 하는 글쓰기를 주저하지 않았던 저술가와 번역가, 출판인은 분명히 시대를 앞서 살아간 사람들이었다. 분명한 의식이 있었기에 아마 즐거운 마음으로 이 일을 맡았으리라. 물론 지금이라고 해서 형편이 훨씬 나아졌다고 말하기는 쉽지 않다. 오히려 독서 인구는 예전보다도 줄어들었으며 독서는 어쩌다 고급 문화로 나아가 버렸다.

『보이지 않는 권력자』가 출간된 지도 20여 년이 되었으니, 그동안 큰 줄기는 변하지 않았다 하더라도 미생물에 대한 여러 내용이 추가되었고 새로운 사실도 덧붙여졌으며, 그만큼 다시 설명해야 하는 부분도 많아졌다. 그러한 연유로 ㈜사이언스북스의 편집부에서는 미생물 교양서를 새롭게 준비하는 차원에서 내용을 새로 정리해 보기를 내게 권유했으나, 나는 주저하고만 있었다. 그러다 책이 나온 지 한참 지났으니 개정판을 내는 것도 바람직할 것이라는 편집부의 권유에 마음을 가다듬고 원고를 집필했다. 개정판이라고 내용을 보완하는 데 그칠 것이 아니라 이왕이면 이참에 체재도 내용도 새롭게 꾸미며, 마음에 담아 두던 내용을 이야기하듯 풀어 쓰는 것도 의미가 있으리라 생각했다.

책의 저자로서 글을 쓰는 것이 내게는 아무래도 어려운 일임에 틀림이 없다. 그동안 책을 몇 권 펴냈다고 주변에서는 글 쓰는 사람으로 봐주기는 하지만, 시간이 지날수록 나는 글쓰기가 더욱 두렵게 느껴진다. 새로운 것을 써야만 하니 그만큼 부담감이 커졌기 때문이라고 생각한다. 이 글을 쓰면서도 부족한 점이 많아 더 다듬어야겠다고 생각하면서도, 그동안 생각해 온 이야기를 나누어 보자는 마음에 여기까지 걸음을 옮겼다. 이 자리를 빌려 『보이지 않는 권력자』가 나올 수 있도록 도와준 ㈜사이언스북스 박상준 대표와 편집부, 그리고 오래전부터 지금까지 ㈜사이언스북스와 관계를 맺으며 교양 과학책을 쓸 수 있도록 용기를 북돋아 준 궁리 출판사의 이갑수 대표, 당연증 회계사, 도서 출판 공존의 권기호 대표를 비롯해 일일이 이름을 올리지 못한 여러 선생님들에게 진심으로 감사의 말을 전하고 싶다.

숲속마을에서

이재열

더 읽을거리

김홍표, 『먹고 사는 것의 생물학』, 궁리, 2016년.

김훈기, 『유전자가 세상을 바꾼다』, 궁리, 2004년.

예병일, 『현대의학, 그 위대한 도전의 역사』, 사이언스북스, 2004년.

오태광, 『보이지 않는 지구의 주인 미생물』, 양문, 2008년.

윤창주, 『슈퍼박테리아와 인간』, 까치글방, 2005년.

이원경 엮음, 『작은 세상의 반란』, 동아사이언스, 2002년.

이재열, 『미생물의 세계』, 살림출판사, 2005년.

이재열, 『바이러스는 과연 적인가?』, 경북대학교출판부, 2014년.

이재열, 『바이러스, 삶과 죽음 사이』, 지호, 2005년.

이재열, 『보이지 않는 보물』, 경북대학교출판부, 2008년.

이재열, 『우리 몸 미생물 이야기』, 우물이있는집, 2004년.

이한음, 『DNA, 더블댄스에 빠지다』, 동녘, 2006년.

이호왕, 『한탄강의 기적』, 시공사, 1999년.

정영기, 김영희, 남수완, 『생활 속의 미생물』, 세종출판사, 1998년.

천종식, 『고마운 미생물, 얄미운 미생물』, 솔출판사, 2005년.

井上真由美, 『カビの常識 人間の非常識』, 2012年, 平凡社. (한국어판 김소운 옮김, 『곰팡

이의 상식, 인간의 비상식』, 양문, 2003년)

Baskin, Y. (2006). *Under Ground: How Creatures of Mud and Dirt Shape Our World*. Washington, DC: Island Press/Shearwater Books. (한국어판 최세민 옮김, 『땅속 생태계』, 창조문화, 2007년.)

Beattie, A. J., Ehrlich, P. R., & Turnbull, C. (2004).*Wild Solutions: How Biodiversity is Money in the Bank*. New Haven, CT: Yale University Press. (한국어판 이주영 옮김, 『자연은 알고 있다』, 궁리, 2005년.)

Callahan, G. N. (2007). *Infection: the Uninvited Universe*. New York: St. Martins. (한국어판 강병철 옮김, 『감염』, 세종서적, 2010년.)

Carroll, S. B. (2012). *Endless Forms Most Beautiful: the New Science of Evo Devo and the Making of the Animal Kingdom*. London: Quercus. (한국어판 김명남 옮김, 『이보디보』, 지호, 2007년.)

Davis, M. (2007). *The Monster at Our Door: the Global Threat of Avian Flu*. New York: New Press. (한국어판 정병선 옮김, 『조류독감』, 돌베개, 2008년.)

Dixon, B. (1994). *Power Unseen*. Oxford: Oxford University Press. (한국어판 이재열, 김사열 옮김, 『미생물의 힘』, 사이언스북스, 2002년.)

Dubos René, & Brock, T. D. (1998). *Pasteur: and Modern Science*. Washington: American Society por Microbiology. (한국어판 이재열, 김사열 옮김, 『파스퇴르』, 사이언스북스, 2006년.)

Duffin, J. (1999). *History of Medicine: a Scandalously Short Introduction*. Tronto: University of Toronto Press. (한국어판 신좌섭 옮김, 『의학의 역사』, 사이언스북스, 2006년.)

Ewald, P. W. (2002). *Plague Time: the New Germ Theory of Disease*. New York: Anchor Books. (한국어판 이충 옮김, 『전염병 시대』, 소소, 2005년.)

Fischer, E. P., & Lipson, C. (1988). *Thinking About Science: Max Delbrück and the Origins of Molecular Biology*. New York: Norton. (한국어판 백영미 옮김, 『과학의 파우스트』,

사이언스북스, 2001년.)

Harari, Y. N. (2015). *Sapiens: a Brief History of Humankind*. New York: Harper. (한국어
판 조현욱 옮김, 『사피엔스』, 김영사, 2015년.)

Häusler Thomas. (2003). *Gesund durch Viren: ein Ausweg aus der Antibiotika-Krise*.
München: Piper. (한국어판 최경인 옮김, 『바이러스』, 이지북, 2004년.)

Jordan, M. (2001). *The Green Mantle: an Investigation into Our Lost Knowledge of Plants*.
London: Cassell. (한국어판 이한음 옮김, 『초록 덮개』, 지호, 2004년.)

Karlen, A. (1996). *Man and Microbes: Disease and Plagues in History and Modern Times*.
New York: Touchstone. (한국어판 권복규 옮김, 『전염병의 문화사』, 사이언스북스,
2001년.)

Kendall, M. D. (2007). *Dying to Live: How Our Bodies Fight Disease*. Cambridge:
Cambridge University Press. (한국어판 이성호, 최돈찬 옮김, 『세포전쟁』, 궁리, 2004
년.)

Kolata, G. (1999). *FLU*. NY: Farrar, Straus and Giroux. (한국어판 안정희 옮김, 『독감』,
사이언스북스, 2003년.)

Konner, M. (1994). *Medicine at the Crossroads: the Crisis in Health Care*. New York:
Vintage Books. (한국어판 소의영 외 옮김, 『현대의학의 위기』, 사이언스북스, 2001년.)

Kröning Peter. (2003). *Auch Genies können irren ... Glücksfälle und Fehlurteile der
Wissenschaft*. München: Langen Müller. (한국어판 이동준 옮김, 『오류와 우연의 과
학사』, 이마고, 2005년.)

Margulis, L., & Sagan, D. (1995). *What is Life?*. Berkeley, CA: University of
California Press. (한국어판 김영 옮김, 『생명이란 무엇인가』, 리수, 2016년.)

Margulis, L., & Sagan, D. (1997). *Microcosmos: Four Billion Years of Microbial Evolution*.
CA: University of California Press. (한국어판 홍욱희 옮김, 『마이크로 코스모스』, 김
영사, 2011년.)

McNeill, W. H. (1976). *Plagues and Peoples*. Harmondsworth: Penguin. (한국어판 김우영 옮김, 『전염병의 세계사』, 이산, 2005년.)

Miller, J., Broad, W. J., & Engelberg, S. (2001). *Germs: the Ultimate Weapon*. New York: Simon & Schuster. (한국어판 김혜원 옮김, 『세균 전쟁』, 황금가지, 2002년.)

Mulcahy, R. (1996). *Diseases: Finding the Cure*. Minneapolis: Oliver Press. (한국어판 강윤재 옮김, 『세균과의 전쟁 질병』, 지호, 2002년.)

Nikiforuk, A. (2008). *Pandemonium: Bird Flu, Mad Cow Disease, and Other Biological Plagues of the 21st Century*. Toronto: Penguin Canada. (한국어판 이희수 옮김, 『대혼란』, 알마, 2010년.)

Pelt, J.-M., & Steffan, F. (2011). *La Loi de la Jungle: l'Agressivité Chez les Plantes, les Animaux, les Humains*. Paris: Librairie générale française. (한국어판 한정석 옮김, 『정글의 법칙』, 이끌리오, 2005년.)

Postgate, J. (1995). *The Outer Reaches of Life*. Cambridge: Cambridge University Press. (한국어판 박형욱 옮김, 『극단의 생명』, 들녘, 2003년.)

Robbins, L. (2001). *Louis Pasteur and the Hidden World of Microbes*. New York: Oxford University Press. (한국어판 이승숙 옮김, 『미생물의 발견과 파스퇴르』, 바다출판사, 2003년.)

Walters, M. J. (2003). *Six Modern Plagues and How We Are Causing Them*. Washington: Island Press/Shearwater Books. (한국어판 이한음 옮김, 『에코데믹, 새로운 전염병이 몰려온다』, 북갤럽, 2004년.)

Watson, J. D. & Berry, A. (2003). *DNA: the Secret of Life*. NY: Knopf. (한국어판 이한음 옮김, 『DNA: 생명의 비밀(DNA: the Secret of Life)』, 까치글방, 2003년.)

Wolfe, N. (2013). *The Viral Storm: the Dawn of a new pandemic age*. London: Penguin Books. (한국어판 강주헌 옮김, 『바이러스 폭풍』, 김영사, 2013년.)

Wolfe, D. W. (2002). *Tales from the Underground: a Natural History of Subterranean Life*.

Cambridge, MA: Perseus Pub.(한국어판 염영록 옮김, 『흙 한 자밤의 우주』, 뿌리와이 파리, 2004년.)

Zimmer, C. (2012). *Microcosm: E-coli and the New Science of Life*. London: Cornerstone Digital. (한국어판 전광수 옮김, 『마이크로코즘』, 21세기북스, 2010년.)

Zimmer, C. (2015). *A Planet of Viruses*. Chicago: The University of Chicago Press. (한국어판 이한음 옮김, 『바이러스 행성』, 위즈덤하우스, 2013년.)

찾아보기

보이지 않는 권력자
미생물과 인간에 관하여

1판 1쇄 찍음 2020년 4월 15일
1판 1쇄 펴냄 2020년 4월 25일

지은이 이재열
펴낸이 박상준
펴낸곳 ㈜사이언스북스

출판등록 1997.3.24.(제16-1444호)
(06027) 서울특별시 강남구 도산대로1길 62
대표전화 515-2000 팩시밀리 515-2007
편집부 517-4263 팩시밀리 514-2329
www.sciencebooks.co.kr

ISBN 979-11-90403-70-2 03470